ART&DESIGN

高等院校艺术设计教育『十二五』规划教材

学术指导委员会　张道一　杨永善　尹定邦　柳冠中　许平　李砚祖　何人可　张夫也

编写委员会

总主编　张夫也

执行主编　陈鸿俊

编委（按姓氏笔画排序）

王礼　王剑　王莉莉　王鹤翔　王文全　王利华　丰明高　邓树君

白志刚　江杉　安勇　龙跃林　许劢艺　朱方胜　孙一丽　刘荃

刘永福　刘镜奇　刘晓敏　刘英武　尹建强　李立芳　李轩　李嘉芝

李欣　陈希　陈鸿俊　陈凌广　陈新　陈广禄　陈杰　陈祖展

陆立颖　张夫也　张新　张志颖　何辉　何新闻　何雪苗　苏大椿

沈劲夫　劳光辉　易锐　罗潘　柯水生　徐浩　桑尽东　殷之明

唐宇冰　袁金戈　商杰　梅爱冰　蒋尚文　韩英杰　彭泽立　雷珺麟

廖荣盛　廖少华　戴向东

高等院校艺术设计教育"十二五"规划教材

GAODENGYUANXIAO
YISHUSHEJIJIAOYU
SHIERWUGUIHUAJIAOCAI

主 编 刘 斌
副主编 冀海玲 刘小斌 易 锐

建筑装饰材料与施工技术

Jianzhu Zhuangshi Cailiao Yu Shigong Jishu

GAODENGYUANXIAO
YISHUSHEJIJIAOYU
SHIERWUGUIHUAJIAOCAI

中南大学出版社
www.csupress.com.cn

图书在版编目(CIP)数据

建筑装饰材料与施工技术/刘斌主编. —长沙:中南大学出版社,
2014.8

ISBN 978 – 7 – 5487 – 1167 – 4

Ⅰ.建... Ⅱ.刘... Ⅲ.①建筑材料 – 装饰材料 – 高等学校 – 教材
②建筑装饰 – 工程施工 – 高等学校 – 教材   Ⅳ.①TU56②TU767

中国版本图书馆 CIP 数据核字(2014)第 184149 号

建筑装饰材料与施工技术

刘 斌 主编

□责任编辑	刘 莉	
□责任印制	易建国	
□出版发行	中南大学出版社	
	社址:长沙市麓山南路	邮编:410083
	发行科电话:0731-88876770	传真:0731-88710482
□印　　装	湖南精工彩色印刷有限公司	

□开　　本	889×1194　1/16	□印张 10 □字数 309 千字
□版　　次	2014 年 8 月第 1 版	□2014 年 8 月第 1 次印刷
□书　　号	ISBN 978 – 7 – 5487 – 1167 – 4	
□定　　价	48.00 元	

总 序

　　人类的设计行为是人的本质力量的体现，它随着人的自身的发展而发展，并显示为人的一种智慧和能力。这种力量是能动的，变化的，而且是在变化中不断发展，在发展中不断变化的。人们的这种创造性行为是自觉的，有意味的，是一种机智的、积极的努力。它可以用任何语言进行阐释，用任何方法进行实践，同时，它又可以不断地进行修正和改良，以臻至真、至善、至美之境界，这就是我们所说的"设计艺术"——人类物质文明和精神文明的结晶。

　　设计是一种文化，饱含着人为的、主观的因素和人文思想意识。人类的文化，说到底就是设计的过程和积淀，因此，人类的文明就是设计的体现。同时，人类的文化孕育了新的设计，因而，设计也必须为人类文化服务，反映当代人类的观念和意志，反映人文情怀和人本主义精神。

　　作为人类为了实现某种特定的目的而进行的一项创造性活动，作为人类赖以生存和发展的最基本的行为，设计从它诞生之日起，即负有反映社会的物质文明和精神文化的多方面内涵的功能，并随着时代的进程和社会的演变，其内涵不断地扩展和丰富。设计渗透于人们的生活，显示着时代的物质生产和科学技术的水准，并在社会意识形态领域发生影响。它与社会的政治、经济、文化、艺术等方面有着千丝万缕的联系，从而成为一种文化现象反映着文明的进程和状况。可以认为：从一个特定时代的设计发展状况，就能够看出这一时代的文明程度。

　　今日之设计，是人类生活方式和生存观念的设计，而不是一种简单的造物活动。设计不仅是为了当下的人类生活，更重要的是为了人类的未来，为了人类更合理的生活和为此而拥有更和谐的环境……时代赋予设计以更为丰富的内涵和更加深刻的意义，从根本上来说，设计的终极目标就是让我们的世界更合情合理，让人类和所有的生灵，以及自然环境之间的关系进一步和谐，不断促进人类生活方式的改良，优化人们的生活环境，进而将人们的生活状态带入极度合理与完善的境界。因此，设计作为创造人类新生活，推进社会时尚文化发展的重要手段，愈来愈显现出其强势的而且是无以替代的价值。

　　随着全球经济一体化的进程，我国经济也步入了一个高速发展时期。当下，在我们这个世界上，还没有哪一个国家和地区，在设计和设计教育上有如此迅猛的发展速度和这般宏大的发展规模，中国设计事业进入了空前繁盛的阶段。对于一个人口众多的国家，对于一个具有五千年辉煌文明史的国度，现代设计事业的大力发展，无疑将产生不可估量的效应。

　　然而，方兴未艾的中国现代设计，在大力发展的同时也出现了诸多问题和不良倾向。不尽如人意的设计，甚至是劣质的设计时有面世。背弃优秀的本土传统文化精神，盲目地追捧西方设计风格；拒绝简约、平实和功能明确的设计，追求极度豪华、奢侈的装饰之风；忽视广大民众和弱势群体的需求，强调精英主义的设计；缺乏绿色设计理念和环境保护意识，破坏生态平衡，不利于可持续性发展的设计；丧失设计伦理和社会责任，极端商业主义的设计大行其道。在此情形下，我们的设计实践、设计教育和设计研究如何解决这些现实问题，如何摆正设计的发展方向，如何设计中国的设计未来，当是我们每一个设计教育和理论工作者关注和思考的问题，也是我们进行设计教育和研究的重要课题。

　　目前，在我国提倡构建和谐社会的背景之下，设计将发挥其独特的作用。"和谐"，作为一个重要的哲学范畴，反映的是事物在其发展过程中所表现出来的协调、完整和合乎规律的存在状态。这种和谐的状态是时代进步和社会发展的重要标志。我们必须面对现实、面向未来，对我们和所有生灵存在的环

总 序

境和生活方式，以及人、物、境之间的关系，进行全方位的、立体的、综合性的设计，以期真正实现中国现代设计的人文化、伦理化、和谐化。

本套大型高等院校艺术设计教育"十一五"规划教材的隆重推出，反映了全国高校设计教育及其理论研究的面貌和水准，同时也折射出中国现代设计在研究和教育上积极探索的精神及其特质。我想，这是中南大学出版社为全国设计教育和研究界做出的积极努力和重大贡献，必将得到全国学界的认同和赞许。

本系列教材的作者，皆为我国高等院校中坚守在艺术设计教育、教学第一线的骨干教师、专家和知名学者，既有丰富的艺术设计教育、教学经验，又有较深的理论功底，更重要的是，他们对目前我国艺术设计教育、教学中存在的问题和弊端有切实的体会和深入的思考，这使得本系列教材具有了强势的可应用性和实在性。

本系列教材在编写和编排上，力求体现这样一些特色：一是具有创新性，反映高等艺术设计类专业人才的特点和知识经济时代对创新人才的要求，注意创新思维能力和动手实践能力的培养。二是具有相当的针对性，反映高等院校艺术设计类专业教学计划和课程教学大纲的基本要求，教材内容贴近艺术设计教育、教学实际，有的放矢。三是具有较强的前瞻性，反映高等艺术设计教育、教材建设和世界科学技术的发展动态，反映这一领域的最新研究成果，汲取国内外同类教材的优点，做到兼收并蓄，自成体系。四是具有一定的启发性。较充分地反映了高等院校艺术设计类专业教学特点和基本规律，构架新颖，逻辑严密，符合学生学习和接受的思维规律，注重教材内容的思辨性和启发式、开放式的教学特色。五是具有相当的可读性，能够反映读者阅读的视觉生理及心理特点，注重教材编排的科学性和合理性，图文并茂，可视感强。

总之，本系列教材具有鲜明的专业性和时代性，是高校艺术设计专业十分理想的教材。对于广大设计专业人士和设计爱好者来说，亦不失为一套实用的参考读物。相信本系列教材的问世，对促进我国设计教育的发展和推进高等艺术设计教学的改革，对构建文明而和谐的社会发挥其积极而重要的作用。

是为序。

2006年圣诞前夕于清华园

张夫也　博士 清华大学美术学院史论学部主任、教授、博士研究生导师
　　　　中国美术家协会理论委员会委员

前　言

　　现在的高等教育，要求学生具有一定的理论基础和实践操作技能，强调实践能力的培养。但在实施的过程中我们发现，很多学生学完必修课之后，不知道如何将这些所学的知识运用到实践过程中去，更不会将各门课程的知识点融会贯通，从而失去了对学习的积极性。引导学生学会学习，是高等院校追求的目标，也是编者希望达到的目的。

　　本书是按环境艺术设计、建筑装饰工程技术、室内设计技术等专业的工学结合教学要求编写的，特点是将建筑装饰材料与装饰施工紧密联系在一起，并全部采用最新行业标准和规范，涉及选材、设计、施工、造价等完整的建筑装饰体系。在编写的过程中，我们引入行业企业的技术标准，并通过校企合作来开发本课程。

　　本书主要介绍了建筑装饰的概念、水电施工技术、楼地面装饰等。每一章节编写均严格按照施工工艺流程从建筑装饰材料的认识、施工作业到施工中应注意的问题来阐述，这样有利于教师以教学情境的方式呈现学习内容，使学生在掌握设计原理的基础之上，熟悉设计材料与工艺流程，注重理论与实践的有机结合，为以后的各种相关设计项目奠定良好的专业基础，让学生快乐地去学习、去参与、去体验、去实践。

　　在编写过程中，我们虽反复推敲核证，仍难免有不妥和疏漏之处，恳请广大读者提出批评指正。

编　者
2014年7月

目 录

第一章　建筑装饰的概念

　　建筑装饰是为了保护建筑物的主体结构、完善建筑物的使用功能及物理性能而对建筑物进行的美化技艺，它是设计者根据美学原理采用装饰装修材料或饰物，利用恰当的施工工艺和多种装饰手段，对建筑物的内外表面及空间进行的各种处理过程。

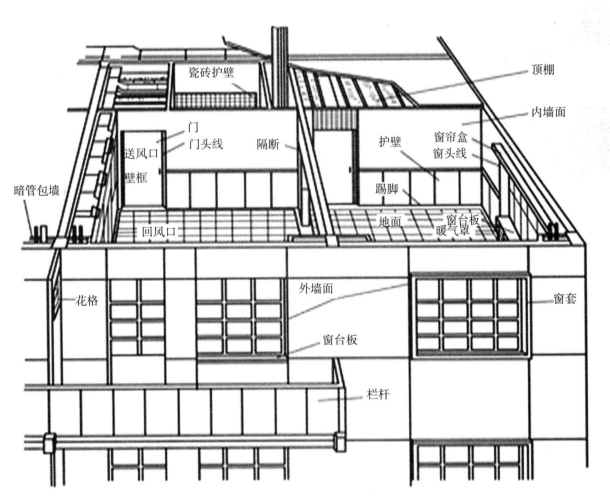

图1-1　建筑物内外装饰部位示意图

一、 建筑装饰施工的内容及特点

（一）建筑装饰的内容

建筑装饰工程涉及建筑室内外各个部位，其内容包括建筑构件在空间所形成的各个界面的装修装饰，即地面、墙面、顶棚以及一些独立构件如柱子、楼梯等部位的装修装饰。因此建筑装饰构造的部位由楼地面、内外墙面、顶棚、门窗、隔墙隔断、花格、柱面等部分构成，有的工程还包括幕墙、采光屋顶、广告招牌等。（图1-1）

（二）建筑装饰施工的特点

（1）技术与艺术相结合。建筑装饰是艺术与技术有机结合的产物，是一个较复杂的过程，具有一定的严肃性和规范性。

（2）工程量大、施工工期长、项目工序多。建筑装饰工程所涉及水电、铺砖、刮墙、吊顶、门窗等项目，工种较多，工程量较大，施工工期长，一般家装工期在2个月左右，工装项目则更长，且受天气、人为因素影响较大。

（3）工程造价差别大。由于所采用的装饰材料档次不同，装修级别不一样，建筑装饰的造价空间也就有较大差别，一般占总造价的30%以上，高档装饰则超过50%。

（4）材料、工艺更新速度快。新材料的不断研制开发，一方面推动装饰技术进步，另一方面也要求从业者不断更新知识，适应发展。

二、建筑装饰装修工程分类

按《建筑装饰工程内容及分类标准》（表1-1），建筑装饰装修工程的内容包括：室内外装饰（墙、门窗、天花、地面及室内其他装饰）、照明灯饰、空调工程、音响工程、艺术雕塑、庭院美化、卫生洁具、厨房用具、特种高级家具、特种电子工程等。

表1-1　建筑装饰分类标准

装饰类别	房间名称	部位	内装饰标准及材料	外装饰标准及材料	备注
一		墙面	大理石、装饰板、水墙裙、各种面砖、塑料壁纸（布）、织物墙面及内墙涂料。	花岗岩、大理石、面砖、金属板、涂料及玻璃幕墙。	
		楼面地面	软木橡胶地板、各种塑料地板、大理石、彩色水磨石、地毯及木地板。		
		顶棚	金属装饰板、塑料装饰板、金属壁纸、塑料壁纸、装饰吸音板、玻璃顶棚及灯具。	室外雨篷下和悬挑部分的楼板下，可参照内装饰顶棚。	
		门窗	夹板门、推拉门、带木镶边板或大理石镶边板，设窗帘盒。	各种颜色玻璃、铝合金门窗、塑钢门窗、特制木门窗、钢窗及玻璃栏板。	
		其他设施	各种金属花格、竹木花格，自动扶梯、有机玻璃拦板，各种花饰、灯具、空调、防火设备、暖气设备及高档卫生设备。	局部屋檐、屋顶可用各种瓦件和金属装饰物（可少用）。	
二	门厅楼梯走道普通房间	墙面	各种内墙涂料和装饰抹灰，有窗帘盒和暖气罩。	主要立面可用面砖、局部大理石及无机涂料。	功能有特殊者除外
		楼面地面	彩色水磨石、各种塑料地板、地毯、各种塑料地板、卷材地毯及碎拼大理石地面。		
		顶棚	混合砂浆、石灰罩面、板材顶棚（钙塑板、胶合板、吸音板）。		
		门窗		普通钢木门窗，塑钢门窗，铝合金门。	
	厕所盥洗	墙面	水泥砂浆。		
		楼面地面	普通水磨石、马赛克，1.4~1.7m高白瓷砖墙裙。		
		顶棚	混合砂浆、石灰膏罩面。	同室内	
		门窗		普通钢木门窗，塑钢门窗，铝合金门。	
三	一般房间	墙面	混合砂浆、色浆粉刷，可赛银乳胶漆，局部油漆墙裙柱子不做特殊装饰。	局部可用面砖，而大部分用水刷石、干黏石、无机涂料、色浆粉刷及清水砖。	
		楼面地面	局部水磨石、水泥砂浆地。		
		顶棚	混合砂浆、石灰膏罩面。		
		其他	文体用房、托幼小班可用木地板、窗饰棍，除托幼外不设暖气罩、不准做钢饰件。不用白水泥、大理石及铝合金门窗，不贴墙纸。	禁用大理石、金属外墙板。	
	门厅楼梯走道		除门厅局部吊顶外，其他同一般房间，楼梯用金属栏杆木扶手或抹灰拦板。		
	厕所盥洗		水泥砂浆地面、水泥砂浆墙裙。		

三、装饰工程的等级（表1-2）

表1-2　装饰工程的等级

建筑装饰等级	建筑类别
一级	高级宾馆、别墅、纪念性建筑、大型体育馆、博物馆、市级商场等。
二级	一般公用建筑，如科研、高校、医院、行政办公楼。
三级	普通公用建筑及住宅，如小学、托幼建筑、普通办公楼等。

四、建筑装饰材料

（一）建筑装饰材料在装饰工程中的地位

建筑装饰材料直接影响装饰工程的装饰效果和质量，材料的选用和管理对工程成本影响很大，同时也对装饰工程设计和施工工艺有直接影响。因此，装饰工程设计人员和工程施工技术人员必须掌握有关建筑装饰材料的基本知识，及时了解装饰材料的发展状况，准确掌握新型材料的性能与施工工艺特点，以便合理进行装饰工程的设计和组织施工。

（二）建筑装饰材料在装饰工程中的作用

（1）保护建筑结构系统，提高建筑物的耐久性。

（2）改善和提高建筑物的围护功能，满足建筑物的使用要求。

例如：提高保温隔热效果，防潮防水性能，增加室内采光亮度，隔音吸音，内外整洁。

（3）美化建筑物的内外环境，提高建筑艺术效果。

例如：建筑装饰空间处理是一个重要的艺术空间创造的手段。通过对色彩、质感、线条及纹理的不同处理，可以弥补建筑设计上的某些不足，协调建筑结构与设备之间的关系。

（三）建筑装饰工程的材料分类（表1-3）

（四）建筑装饰材料的选择

装饰材料的选择直接影响装饰工程的使用功能和装饰效果，因此装饰材料的外观应与装饰的空间性质和气氛相协调，装饰材料的功能应与装饰场合的功能要求相一致，装饰材料的选择应注意装饰效果和经济性相协调。

表1-3 建筑装饰工程的材分类

按装饰部位分类		按装饰材料使用分类	按装饰材料的材质分		按材料的燃烧等级分	
室内装饰	楼地面、踢脚、墙裙、内墙面、顶棚、楼梯、栏杆扶手等。	灰浆类	水泥砂浆、混合砂浆、石灰砂浆。用于内外墙面、楼地面、顶棚等一般装修。	有机高分子材料	有机物构成的装饰材料，包括天然有机物材料和人工合成的有机物有机材料，图木材、饲料和有机涂料。	A级材料	在空气中遇火或在高温下不起火、不碳化、不可燃的材料，属非燃材料。包括花岗岩、大理石、防火阻燃板、玻璃、石膏板、金属、陶瓷等。
		水泥石渣材料类	水刷石、干黏石、剁斧石、水磨石。多用在一般的外墙面装饰。	无机非金属材料	以无机物构成的非金属材料。主要包括玻璃、大理石、花岗岩、瓷砖、水泥等。	B1级材料	在空气中受到火烧火灾高温作用下难起火、难燃烧、难碳化，当移走火源后，就立即停止燃烧或微烧材料，属难燃材料。包括防火燃烧板、阻燃塑料地板、阻燃墙纸、水泥刨花板、纸面石膏板、矿棉吸音板、岩棉装饰板等。
		各种天然、人造石材类	天然大理石、天然花岗岩、青石板，人造大理石、人造花岗岩、预制水磨石、釉面砖、外墙面砖、玻璃马赛克等。多用在内、外墙面和楼地面的装饰。	金属材料	各种金属材料。如轻钢龙骨、铝合金、不锈钢、钢制品。	B2级材料	在空气中受到火烧火灾或在高温作用下立即起火或燃烧、且移走火源后仍继续燃烧的材料，属可燃材料。包括胶合板、木板、木工板、墙布、地毯等。
室外装饰	外墙面、散水、勒脚、台阶、坡道、窗楣、雨棚、壁柱、腰线、挑檐、窗台、女儿墙、压顶等。	各种卷材类	纸壁纸、塑料壁纸、玻璃纤维贴墙布、无纺贴墙布、织锦缎等。	复合材料	有机—无机复合材料或金属—非金属复合材料。主要包括玻璃钢、人造大理石、彩色涂层钢板、铝塑板等。	B3级材料	在空气中受到火烧火灾高温作用下立即起火或燃烧、并迅速燃烧，且离开火源后，仍继续燃烧的材料，属易燃材料。包括酒精、油漆、纤维织物等。
		各种涂料类	各种溶剂型涂料、乳液型涂料、水溶性涂料等。多用在内、外墙面和顶棚的装饰。				
		各种罩面板材类	各种木质胶合板、铝合金板、不锈钢板、镀锌彩板、铝塑板、石膏板、水泥石棉板、玻璃及各种复合贴面板等。多用于内、外墙面及顶棚的装饰。				

五、装饰工程施工流程（图1-2）

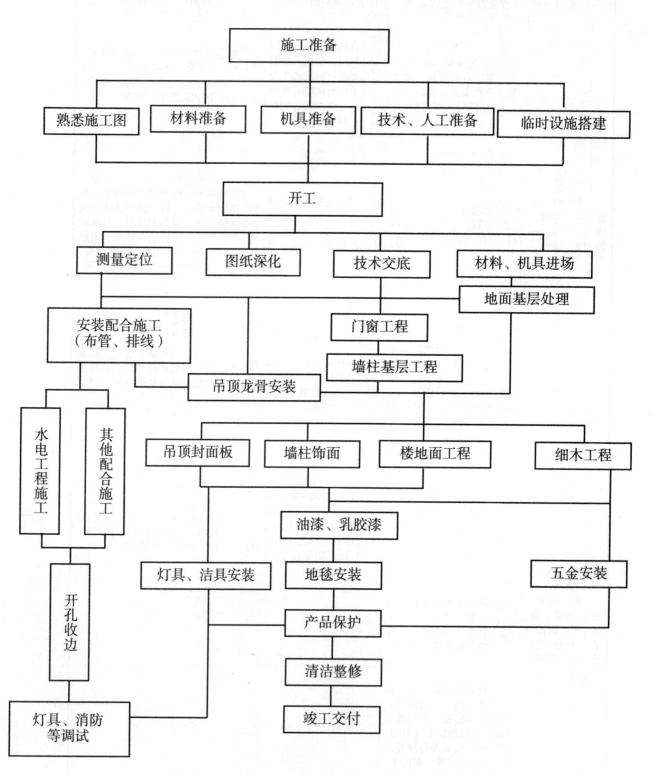

图1-2　施工流程

第二章 水电施工技术

水电施工属于隐蔽工程，在家庭装修中，有着极为重要的地位，主要涉及给水（生活供水）、排水（生活污水、雨水）及强电（照明、电器用电）和弱电（电视、电话、音响、网络等）施工。

第一节 给水施工

给水系统是为了满足人们生活和生产需求，通过管道及辅助设备，按照用户的生产、生活及消防的需要，有组织地输送到用水地点的网络。给水管道主要分为热水管（红线表示）和冷水管（蓝线表示）。（图2-1）

一、施工前的准备工作

（一）技术准备

在施工前必须做以下技术准备：详细审阅施工图，相关技术资料准备齐全，熟悉整个工程概况，进行施工图和施工技术交底，编制施工预算和主要材料采购计划，了解施工现场情况，编制合理的施工进度（表2-1），施工组织设计。

图2-1 冷、热水管

表2-1　××装饰设计有限责任公司2013年度施工进度表

二月

项目＼日期	1	2	3	4	5	6	7	8	9	10	11	12	13	14	15	16	17	18	19	20	21	22	23	24	25	26	27	28	29	30	31
一　拆旧工程																				拆旧											
二　隐蔽工程																								水电							

三月

项目＼日期	1	2	3	4	5	6	7	8	9	10	11	12	13	14	15	16	17	18	19	20	21	22	23	24	25	26	27	28	29	30	31
隐蔽工程			水电																												
三　泥工工程										泥工																					
四　木工工程																			木工												
五　油漆工程																								油漆工							

四月

项目＼日期	1	2	3	4	5	6	7	8	9	10	11	12	13	14	15	16	17	18	19	20	21	22	23	24	25	26	27	28	29	30
五　油漆工程				油漆工																										
六　灯具、电器、洁具、安装									安装、保洁																					

（二）主要施工机具

主要施工机具有：切割机、台钻、自动攻丝机、弯管器、热熔机、角磨机、冲击电钻、手用套丝板、管子钳、钢锯弓、割管器、手锤、扳手、台式龙门钳、手动试压泵、氧气乙炔表、割炬、氧气乙炔皮管、水平尺、水准仪、线坠等。（图2-2）

图2-2　主要施工机具

（三）材料

1.常用给水管材

目前使用的管道主要有三大类。第一类是金属管，如内搪塑料的热镀铸铁管、铜管、不锈钢管等。第二类是塑复金属管，如塑复钢管、铝塑复合管等。第三类是塑料管，如PP-R。（图2-3、表2-1、表2-2）

表2-1　常见给水管材对比

给排水常用管材对比			
	PP-R管	PE管	钢管	U-PVC管
材质	三型聚丙烯	聚乙烯塑料	钢	聚氯乙烯
特点	无毒、质轻、耐压、耐腐蚀	抗压性好、机械性能好、耐老化	坚固、耐腐蚀、轻便	耐热、韧性和延展性好
连接方式	无有害元素、环保	釉料烧制、环保型较好	页岩为主料、环保性高	无放射性元素、环保性高
常用规格	管径20mm、25mm	管径20mm、25mm	管径20mm、25mm、32mm	管径20mm、25mm
适用范围	厨卫上水路的冷热水管	厨卫上水路的冷热水管	厨卫上水路的冷热水管	厨卫下水路的冷热水管

表2-2　三种水管管材对比

	金属管	塑料管	塑料复合管	
材料种类	钢管、镀锌管	PP-R管、PE管、PE-RT管	铝塑复合管	
优点	透气性强、耐酸碱、抗震、抗裂、保温体系相容性好	无毒、质轻、耐压、耐腐蚀	保温性能好、不易腐蚀、施工方便、耐高温	
缺点	容易出现划痕和空鼓	耐高温性与耐压性稍差，遇热容易变形	抗压性不好，施工中要严格试压	
适用范围	钢管适合做饮用水管，镀锌管不能做饮用水管	适用于做热水管道和纯净饮用水管道	适宜明管或埋于墙体内，不宜埋入地下	

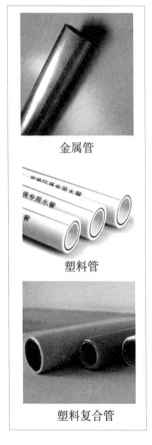

金属管

塑料管

塑料复合管

图2-3　常见给水管材

目前家装市场上常用的是PP-R进水管，PP-R管是由丙烯与另一种烯烃单体（或多种烯烃单体）无规共聚而成，卫生无毒，耐腐蚀，不结垢，重量轻，安装、运输方便快捷，使用寿命长（正常使用情况下长达50年），还可以回收。常用的进水管管材规格为20mm、25mm，32mm的一般是用于总管的一小段，在不同楼层都会使用到。（图2-4）

图2-4　常见的PP-R管材

2.给水管道部件

管道部件就是在给水供应系统中，用以调节、分配水量和水压，关断和改变水流方向、增加出水口、连接接口的各种管件和水嘴的统称。（图2-5、图2-6）

图2-5　常见的PP-R管材配件

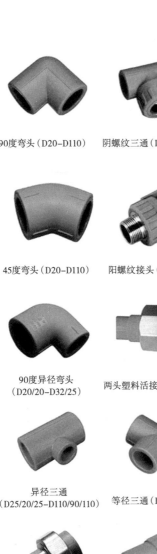

90度弯头（D20-D110）　阴螺纹三通（D20-D40）　阴螺纹弯头（D20-D32）　阳螺纹弯头（D20-D32）

45度弯头（D20-D110）　阳螺纹接头（D20-D63）　阴螺纹接头（D20-D63）　阳螺纹三通（D20-D32）

90度异径弯头
（D20/20-D32/25）　两头塑料活接（D20-D40）　阴组合活接（D20-D32）　过桥弯（D20-D32）

异径三通
（D25/20/25-D110/90/110）　等径三通（D20-D110）　直通（D20-D110）　支撑环（D40-D110）

阳组合式活接（D20-D63）　异径管（D25/20-D110/90）　塑料小管卡（D20-D32）　截止阀（D20-D63）

带支耳阴螺纹弯头（D20-D25）　卜申（D25/20-D110/90）　管堵（R1/2-R3/4）　塑料大管卡（D20-D32）

修补棒（D7-D11）　修补棒熔接头（D7-D11）　等径四通（D20-D32）　管帽（D20-D110）

图2-6　主要的PP-R给水管材配件

3.阀门

阀门是管路流体输送系统中的控制部件，是用来改变通路断面和介质流动方向，具有导流、截止、调节、节流、止回、分流或溢流卸压等功能。（图2-7）

阴单活接球阀（D20-D32）　阳单活接球阀（D20-D32）　双活接球阀（D20-D63）　截止阀（D20-D63）

图2-7　各种阀门

阀门安装前，应做强度和严密性试验。试验应在每批次（同牌号、同型号、同规格）数量中检查10%，且不少于一个。 安装在主干管上起切断作用的闭路阀门，应逐个做强度和严密性试验。阀门的强度和严密性试验，应符合以下规定：阀门的强度试验压力为公称压力的1.5倍。严密性试验压力为公称压力1.1倍，试验压力在试验持续时间内应保持不变，且壳体填料及阀瓣密封面无渗漏。（表2-3）

表2-3　阀门实验持续时间

公称直径dn（mm）	最短实验持续时间（s）		
	严密性实验		强度实验
	金属密封	非金属密封	
≤50	15	15	16
65~200	30	15	60
250~450	60	30	180

4.质量要求

给水管材与配件的规格、型号及性能检测报告，应符合国家技术标准或设计要求，且具有产品质量合格证、产品质量检测报告等。 管材进场时应对其品牌、规格、数量、质量、外观等方面进行现场验收登记，并对进料品种和规格数量，按批次报现场监理部门核查验收确认后，方可进行安装。

二、给水管道施工

给水管道系统主要是为了保障人们生活、生产用水的需求所进行的一整套设备和管路系统设计安装的总和，其水量水压应满足用户需要，水质应符合国家规定的《生活饮用水水质标准》。

（一）施工技术

室内给水系统安装参照《建筑给水排水及采暖工程施工质量验收规范》（GB50242—2002）、《住宅装饰装修工程施工规范》（GB5032—2001）、《建筑工程施工质量验收统一标准》（GB50300—2001）及相关技术规程。主要包含以下方面：

1.一般规定

建筑装饰装修工程室内给水系统适用于工作压力不大于1.0MPa的室内给水和消火栓系统的管道安装工程。

给水管道必须采用与管材相适应的管件。生活给水系统所涉及的材料必须达到饮用水卫生标准。

管径小于或等于100mm的镀锌钢管应采用螺纹连接；套丝扣时破坏的镀锌层表面及外路螺纹部分应做防腐处理；管径大于100mm的镀锌钢管应采用法兰或卡套式专用管件连接，镀锌管与法兰的焊接处应做二次镀锌处理。

给水塑料管和复合管可以采用橡胶圈接口、黏接接口、热熔连接、专用管件连接及法兰连接等形式，不得在塑料管上套丝。

给水铸铁管管道应采用水泥捻口或橡胶圈接口方式进行连接。

铜管连接，当管径小于22mm时宜采用承插或套管焊接，承口应对着介质流向安装；当管径大于或等于22mm时宜采用对口焊接。

2.安装准备

在认真洞悉施工图纸的基础上，做好各种管材、管件、阀门进场报验手续，核对各种管道的标高，坐标是否有误或有交叉的地方，各种安装用机具是否齐备、完好，临时水电是否安装到位，安全防护措施是否完备，所有工作面是否清理干净，有无与装饰装修施工发生冲突的地方，对有问题或图纸交待不清的地方及时与设计和有关人员协商研究解决，并做好变更记录。

3.连接方式

给水管连接方式主要有螺纹连接、法兰连接、黏接和热熔连接等几种。

（1）螺纹连接方式

螺纹连接是一种广泛使用的可拆卸的固定连接，具有结构简单、连接可靠、装拆方便等优点，主要用于室内给排水、采暖、燃气及仪表附件等连接。（图2-8）

螺纹连接时，应在螺纹面上敷上填料如沿油麻丝、聚四氟乙烯生料带等。敷填料时应顺着螺纹旋进方（顺时针方向）缠绕麻丝或生料带。管道安装好后的管螺纹根部应有2~3扣的外露螺纹，多余填料应清理干净并做好防腐处理。

图2-8　螺纹进水管

图2-9　法兰

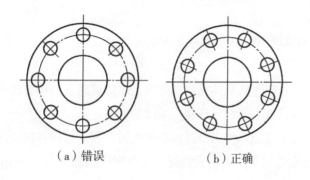

（a）错误　　　　　（b）正确

图2-10　法兰连接方式

（2）法兰连接方式

法兰连接是将垫片放入一对固定在两个管口上的法兰的中间，用螺栓拉紧使其紧密结合起来的一种可拆卸的接头，它可以使管道、阀门、设备等部件连接成一个严密的管道系统。特点是拆卸方便，严密性好，接合强度高，耗材多，造价高。（图2-9）

法兰分为丝接法兰和焊接法兰。焊接法兰与管子组装时，钢管端口面应垂直平整，并用角尺检查法兰的垂直度，其误差应不大于2mm。法兰与法兰对接时，密封面应保持平衡，衬垫不得凸入管内，其外边缘接近螺栓孔为宜。不得安放双垫或偏垫。法兰螺栓孔不应在管道中心线上。连接法兰的螺栓，直径和长度应符合标准，拧紧后，突出螺栓的长度不应大于螺杆直径的1/2。拧紧螺栓时应对称交叉进行，以保证垫中各处受力均匀。（图2-10、2-11）

（3）塑料管黏接安装方式

黏接连接是通过黏合剂在胶粘的两个物件表面产生的黏结力作用将两个相同或不同材料的物

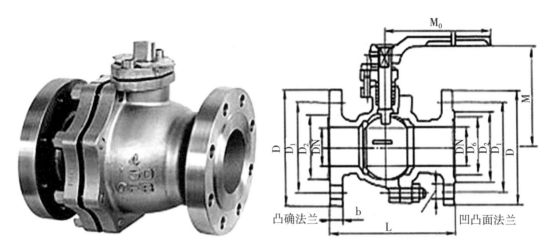

图2-11　法兰连接方式

件材料牢固地黏结在一起，因剪切强度大、应力分布均匀、可以黏合任意不同材料、施工简便、价格低廉，常用于给水排水管道工程。

在安装时，先用砂纸将黏接口表面打毛，用干布将黏结表面擦净；胶黏剂采用漆刷沿轴向涂刷，涂刷动作应迅速，涂抹应均匀，涂刷的胶黏剂应适量，不得漏涂或涂抹过厚；涂刷胶黏剂后，应立即找正方向对准轴线将管端插入承口，并用力推挤至所画标线；承插接口插接完毕，应立即将接头处多余的胶黏剂用棉纱或干布蘸清洁剂擦拭干净，并根据胶黏剂性能和气候条件静止至接口固化为止，冬季施工固化时间应适当延长。（图2-12）

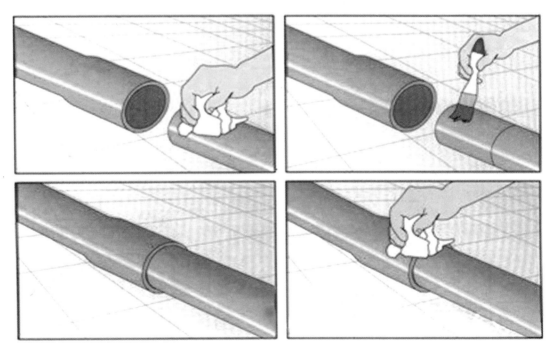

图2-12　管道黏接步骤

（4）塑料管热熔连接方式

热熔连接技术常用于PP-R管道系统的连接。热熔连接是一个物理过程：加热到一定时间后，将材料原来紧密排列的分子链熔化，然后在稳定的压力作用下将两个部件连接并固定，在熔合区建立接缝压力。由于接缝压力的作用，熔化的分链随材料冷却，温度下降并重新连接，使两个部件闭合成一个整体。

PP-R给水管管材与管件$dn \leqslant 110mm$时一般采用热熔连接，热熔连接时按下规定进行：

●热熔连接工具接通电源，到达工作温度（250℃~270℃）指示灯亮后，方能进行操作。

●管材切割一般使用管子剪刀或管道切割机，也可使用钢锯，但切割后管材断面应去除毛边和毛刺。

●管材与管件连接端面必须清洁干燥、无油。

●用卡尺和合适的笔在管端口测出并标绘出热熔深度，热熔深度应符合表2-4要求。

表2-4　管子端口插入承口深度

管子端口插入承口的深度								
公称直径dn（mm）	20	25	32	40	50	63	75	90	110
插入深度（mm）	14	15	16.5	18	20	24	26	29	32.5
加热时间（S）	5	7	8	12	18	24	30	40	50
加工时间（S）	4	4	6	6	6	8	8	8	10
冷却时间（S）	2	2	4	4	4	6	8	8	8

注：1.若环境温度小于5，加热时间延长50%。

　　2.dn小于63可人工操作，dn大于63应采用专用进管机具。

●熔接弯头或三通时，按设计图纸要求，应注意其方向。无旋转地把管端导入加热套内，插入到所标示的深度，同时无旋转地把管件推到加热头上，达到规定标志处。加热时间应按热熔工具生产厂家规定执行。达到加热时间后，立即把管材与管件从加热套与加热头上同时取下，迅速无旋转地沿直线均匀插入到所标深度，使接头处形成均匀凸缘。在规定的加工时间内，刚熔接好的接头还可校正，但不得旋转。（图2-13、图2-14）

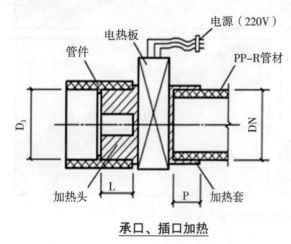

承口、插口加热　　　　　　　　　　管道连接剖面　　　　图2-13　管道热熔剖面图

（二）施工流程

安装准备 → 画线开槽 → 剔槽安卡子 → 放样加工管子 → 主干管安装 → 支管及配件安装 → 埋管试压 → 防腐保温 → 管道消毒冲洗。

（三）施工要点

1.现场交底

材料、设备确认合格，准备齐全、送到现场。所有沿地、沿墙暗装或在吊顶内安装的管道，应在饰面层未做或吊顶未封板前进行安装。

装饰部位要符合规范，需在原有结构墙体、地面剔槽、开洞安管的不得破坏原建筑主体和承重结构，应符合有关规定，所有预留孔洞、洞口尺寸和套管规格应符合要求，并征得设计、业主和管理部门的同意。

施工要符合安全法规，施工人员应遵守有关施工安全、劳动保护、防火、防毒的法律、法规，施工现场临时用电用水应符合施工用电的相关规定。

2.弹线开槽

先弹水平基准线，所有水电线管铺设都应保持横平竖直，水路开槽时热水管槽深为管径加15mm，冷水管槽深度为管径加10mm。（图2-15）

3.埋管

给水管道分冷、热水，冷热水上下平行时热水在上，冷水在下，冷热水左右平行时，左热右冷，间距15cm。电线与暖气、热水、煤气管道之间的平行间距不应小于300mm，交叉距离不应小于100mm。热水管用保温棉包住，防止地板受热变形。

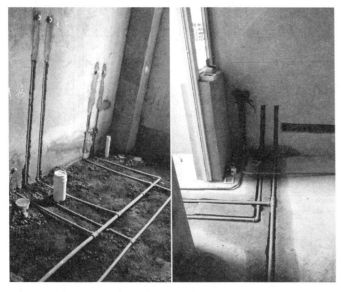

图2-14 管道热熔

图2-15 开槽埋管

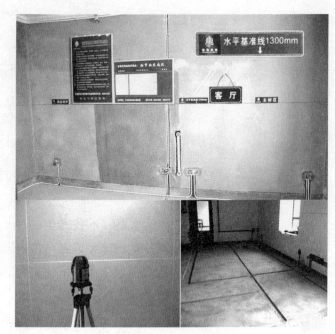

图2-15　管道弹线开槽

所有水管不得在卫生间、厨房、阳台打穿墙孔，阳台上水必须从墙内向上打穿墙孔，下水改道、地面改道，改道后必须先做试水，再做防水，墙面台盆改道高度为45cm（常规）。（图2-15）

管道安装不得靠近电源，如无法避免时，应放在电线管下面，交叉时需用过桥弯过渡。

4.管道金属支架吊装

管道支吊架选用角钢现场加工制作。支吊架制作集中在加工场进行，以方便控制支架的制作质量。加工时要求用剪床或砂轮切割机开料。支架的膨胀螺栓孔要用钻床钻孔，不能用氧割开孔。（图2-16）

支吊架连接采用焊接方法，焊接要求应符合焊接的质量标准。支吊架制做好后要进行除锈和刷漆处理并按要求刷面漆。管道用U形管卡固定在支吊架上，或用专用吊卡。（图2-17、图2-18）

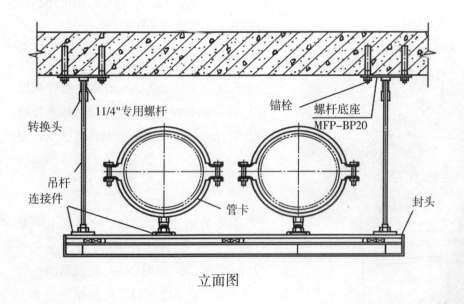
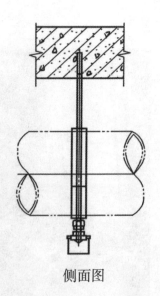

立面图　　　侧面图

图2-17　双管吊架

图2-18　管道支架吊装图

5. 管道连接

　　PP-R管采用热熔连接，铝塑复合管采用卡套式（螺纹压紧式）连接，铸铜接头，采用螺纹压紧，可拆卸，适用小管径（$dn \leqslant 32mm$）。PP-R管与小口径金属管或卫生器具金属配件一般采用螺纹连接，宜使用铜内丝的过渡接头；铝塑复合管采用铸铜外丝或内丝接头进行过渡。（图2-19）

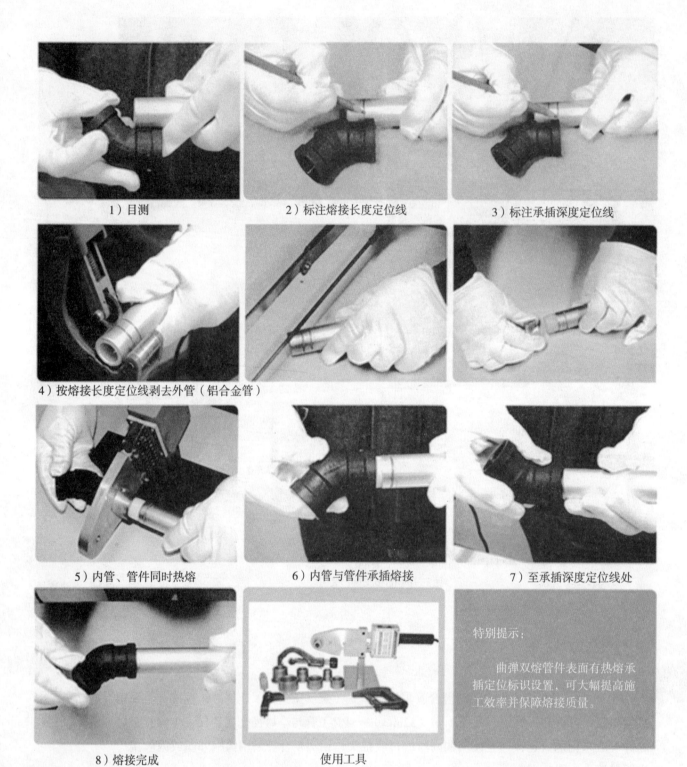

1）目测　　　　　　　　　　2）标注熔接长度定位线　　　　　3）标注承插深度定位线

4）按熔接长度定位线剥去外管（铝合金管）

5）内管、管件同时热熔　　　　6）内管与管件承插熔接　　　　　7）至承插深度定位线处

8）熔接完成　　　　　　　　　使用工具

特别提示：

　　曲弹双熔管件表面有热熔承插定位标识设置，可大幅提高施工效率并保障熔接质量。

图2-19　管道热熔工艺流程

6. 水管试压

需保温的管道与嵌入墙体、地面的暗装管道在隐蔽前应做单项水压试验。管道系统安装完后应进行综合水压试验。水压实验时应排净空气，待水充满后再进行加压。当压力升到规定值时，停止加压，认真检查整个管道系统，确认各处接口和阀门均无渗漏现象，再持续稳压到规定时间，观察其压力下降在允许范围内，并经有关人员验收认可后，填写好水压试验记录，办理交接手续。（图2-20、表2-5）

图2-20 水管试压

表2-5 水管试压方式

准备试压工具	准备好专用的水管打压测试工具，一般包括千斤顶、压力表、水箱、连接软管等
测压方法	试压前关闭水表后闸阀，避免打压时损伤水表
	将试压管道末端封堵缓慢注水，同时将管道内气体排出，充满水后进行密封检查
	加压宜采用手动泵或电动泵缓慢升压，升压时间不得小于10min
	升至规定试验压力，一般水路8个压后，停止加压，观察接头部位是否有渗水
	稳压后，半小时内的压力降不超过0.05MPa为合格

在封槽前要对水路进行试压，试压合格后方可继续施工。水路试压在管道连接后24h后进行。试压前管道要固定好，连接处明露，且不连接任何配水器具。试验时打压≥0.8MPa，稳压24h，压力降不得超过0.06MPa。

7. 冲洗、消毒、调试

给水管道水压试验后，竣工验收前应对系统冲洗消毒。室内部分的管道冲洗应按配水干管、配水管、配水支管的顺序进行。冲洗常用自来水，冲洗前应对系统的仪表及设备采取保护措施。

管网冲洗的水流速度，可按设计流量进行，设计无规定时可用流速不小于1.0m/s的自来水连续冲洗，直至出水口处浊度、色度与入水口处相同为止。管网冲洗的水流方向原则应与系统工作水流方向一致。冲洗时应保证排水管路的畅通安全。排水管的截面面积不得小于被冲洗管道截面面积的60%。

给水管道在使用前要进行消毒处理，采用含量不低于20mg/L氯离子浓度的清洁水灌满管道进行消毒，并在管道中留置24h以上。消毒完后，再用饮用水冲洗，直至水质管理部门取样化验合格后方可交工使用。

8. 施工中应注意的问题

管道施工时，相互之间应遵从小管让大管、有压管让无压管的原则，须先难后易，先安主管，后安水平干管和支管。卫生间、厨房的暗埋管道，应有暗埋管道施工设计方案图，经业主同意后方可施工、以避免不合理的盲目施工。（表2-6）

生活饮用水管禁止采用镀锌焊接钢管。给水管径$dn \leqslant 50mm$时，应使用截止阀，并注意截止阀安装方向，如方向安反，会增加管路阻力，易损坏阀门。

室内给水系统中的入户进水阀门，应采用铜质或不锈钢阀门，不建议使用铁质阀芯阀门，因其容易腐蚀、污染水质、使用寿命短。在室内装饰中住户进水表后端，应加单向止回阀。

铝合金管，铜管穿楼板安装时，其套管不得使用钢套管。当连接方式为卡套或卡压连接方式时，采用埋地嵌墙等暗埋敷设时，中间管段不得有接头。

塑料给水管（PVC-U管、PP-R管）由于其刚度、稳定性和抗冲击性较差，不能直接与水箱、水池和水泵相接。

表2-6　水路施工注意事项

冷热水管位置	冷热水管道的安装遵循"上热下冷，左热右冷"的规则，上下安装的水管还必须要注意两管之间的平行。如果水管靠近煤气管道，两管距离必须大于50mm。入墙的冷热水管与墙皮之间的距离须为1cm
水管固定性	铺设好一段管道后，须使用钢钉和铜线对管道进行固定。以免铺设好的管道位置移位，造成不必要的麻烦
水电燃气管位置	水管安装不得靠近电源，水管与燃气管的间距应不小于50mm，用钢卷尺检查
布管规范性	检查上、下水走向要合理，布管横平竖直，没有过多的转角和接头
附件安装	检查附件是否连接严密，无渗漏；出水是否通畅，水表运转是否正常

管道安装的支吊架应复核相关规范。（表2-7）

表2-7　管道支吊架间距

钢管管道支架的最大间距													
公称直径（mm）	15	20	25	32	40	50	70	80	100	125	150	200	
支架的最大间距（m） 保温管	2	2.5	2.5	2.5	3	3	4	4	4.5	6	7	7	
不保温管	2.6	3	3.5	4	4.5	5	6	6	6.5	7	8	9.5	
管径（mm）	12	24	16	18	20	25	32	40	50	63	75	90	110
最大间距（m） 立管	0.5	0.6	0.7	0.8	0.9	1.0	1.1	1.3	1.6	1.8	2.0	2.2	2.4
水平管 冷水管	0.4	0.4	0.5	0.5	0.6	0.7	0.8	0.9	1.0	1.1	1.2	1.35	1.55
热水管	0.2	0.2	0.25	0.3	0.3	0.35	0.4	0.5	0.6	0.7	0.8		
钢管管道支架吊架的最大间距													
公称直径（mm）	15	20	25	32	40	50	65	80	100	125	150	200	
支架的最大间距（m） 垂直	1.8	2.4	2.4	3.0	3.0	3.5	3.5	3.5	3.5	3.5	4.0	4.0	
水平	1.2	1.8	1.8	2.4	2.4	2.4	3.0	3.0	3.0	3.0	3.5	3.5	

三、质量标准及验收

验收时的质量标准应该符合以下几个文件的规范和标准：《建筑给水排水及采暖工程施工质量验收规范》（GB50242—2002）；《建筑工程施工质量验收统一标准》（GB50300—2001）；《住宅装饰装修工程施工规范》（GB5032—2001）。

（一）给水管道及配件安装主控项目

室内给水管道的水压试验必须符合设计要求。当设计未注明时，各种材质的给水管道系统试验压力均为工作压力的1.5倍，但不得小于0.6MPa。

给水系统交付使用前必须进行通水试验并做好记录。生产给水系统管道在交付使用前必须冲洗和消毒，并经有关部门取样检验，符合国家《生活饮用水标准》方可使用。

室内直埋给水管道（塑料管道和复合管道除外）应做防腐处理。埋地管道防腐材质和结构应符合设计要求。

（二）给水管道及配件安装一般项目

给水引入管与排水排出管的水平净距不得小于1m。室内给水与排水管道平行敷设时，两管间的最小水平净距不得小于0.5m；交叉铺设时，垂直净距不得小于0.15m。给水管应铺在排水管上面，若给水管必须铺在排水管的下面时，给水管应加套管，其长度不得小于排水管管径的3倍。

- 给水管道应有2‰~5‰的坡度坡向泄水装置。
- 给水管道和阀门安装的允许偏差应符合表2-8的规定。
- 管道支吊架安装应平整牢固。
- 水表应安装在便于检修，不受阳光暴晒、污染和冻结的地方。安装螺翼式水表，表前与阀门应有不小于8倍水表接口直径的直线管。表外壳距墙表面净距为10~30mm；水表进

水口中心标高按设计要求，允许偏差±10mm。（表2-8）

表2-8　水路施工允许偏差数据

项次	项目			允许偏差（mm）	检验方法
1	水平管道纵横方向弯曲	钢管	每米 全长25m以上	1≯25	用水平尺、直尺、拉线和尺量检查
		塑料管复合管	每米 全长25m以上	1.5≯25	
		铸铁管	每米 全长5m以上	3≯8	
2	立管垂直度	钢管	每米 全长5m以上	3≯8	吊线和尺量检查
		塑料管复合管	每米 全长5m以上	2≯8	
		铸铁管	每米 全长5m以上	3≯10	
3	成排管段和成排阀门	在同一平面上间距		3	尺量检查

（三）建筑给水、排水与采暖质量验收资料

验收时，需提供施工图，设计变更记录及主要材料、配件、器具、成品、半成品和设备出厂合格证或进场检（试）验报告，隐蔽工程检查验收记录，各种试验记录，设备运转记录，安全、卫生和使用功能检验和检测记录，各检验批次质量验收记录和其他必须提供的文件或记录。

第二节　排水施工

建筑装饰中的排水系统是为了满足人们生活和生产需求，通过管道将生活中的污水和雨水有组织地输送到城市排水网络，是排除与处理多余水量的一项措施。

一、施工前的准备

（一）技术准备

熟悉施工图纸及工程概况，编制合理的施工进度，了解施工现场情况，进行施工技术交底。

（二）主要施工机具

主要施工机具有：切割机、台钻、自动攻丝机、热熔机、角磨机、冲击电钻、手用套丝板、管子钳、钢锯弓、割管器、手锤、扳手、台式龙门钳、手动试压泵、氧气乙炔表、割炬、氧气乙炔皮管、水平尺、水准仪、线坠等。

（三）排水管材

1.常用排水材料

排水管主要分铸铁管和PVC-U管两种。排水管管材按照规格，通常分为40mm、50mm、

75mm、110mm等,40mm的一般用于台盆下水、地漏下水和阳台下水;50mm的一般用于厨房下水;75mm的一般用于厨房、阳台、台盆等的总排水;110mm的一般用于马桶下水、外墙下水。

● 铸铁水管

铸铁水管主要用铸铁浇铸成型,常用于给水、排水和煤气输送管线,它包括铸铁直管和管件,铸铁排水管材常采用柔性接口。(图2-21)

柔性接口排水管使用橡胶作为止水件,由于橡胶具有较强的抗曲挠、伸缩变形能力和抗震能力,具有广泛的适用性。与刚性管材相比较,柔性管材易于运输,运输费用低廉,管道可随地形变化,施工容易,每根管材长度远大于刚性管材,连接费用远低于刚性管材。

● PVC管

PVC管有铸铁管无以比拟的长久寿命、耐腐蚀等优点。在施工上更有重量轻便于搬运安装以及连接简易等特点,广泛应用于民用建筑排水排污,化工排水排污,雨水排放等领域。(图2-22、图2-23)

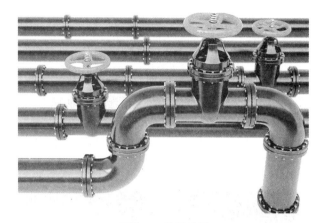

图2-21 铸铁管材

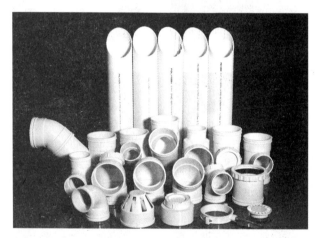

图2-22 PVC-U排水管材

PVC-U环保排水管道系列

编号	双格	长度	平均外径	厚度	数量	价格	备注	编号	双格	长度	平均外径	厚度	价格	备注
BAA01	Φ32	4-6	32	2.0	600			BAA09	Φ250	4-6	250	6.2		
BAA02	Φ40	4-6	40	2.0	400			BAA10	Φ315	4-6	315	7.8		
BAA03	Φ50	4-6	50	2.0	250			BAA11	Φ355	4-6	355	8.7		
BAA04	Φ75	4-6	75	2.3	125			BAA12	Φ400	4-6	400	9.8		
BAA05	Φ90	4-6	90	3.0	84			BAA13	Φ450	4-6	450	11.0		
BAA06	Φ110	4-6	110	3.2	60			BAA14	Φ500	4-6	500	12.3		
BAA07	Φ160	4-6	160	4.0	30			BAA15	Φ630	4-6	630	15.4		
BAA08	Φ200	4-6	200	4.9										

图2-23 UPVC排水管材尺寸数据

2.PVC管配件

配件是将PVC管连接成管路的零件，与管子的材料相同，有弯头、法兰、三通管、四通管和异径管等。弯头用于管道转弯的地方：三通管用于三根管子汇集的地方，四通管用于四根管子汇集的地方，异径管用于不同管径的两根管子相连接的地方。（图2-24）

●PVC胶黏剂

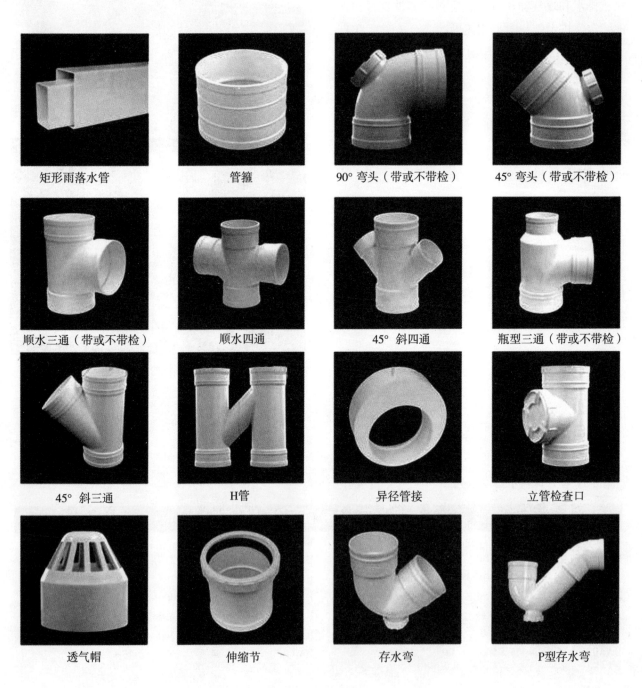

矩形雨落水管	管箍	90°弯头（带或不带检）	45°弯头（带或不带检）
顺水三通（带或不带检）	顺水四通	45°斜四通	瓶型三通（带或不带检）
45°斜三通	H管	异径管接	立管检查口
透气帽	伸缩节	存水弯	P型存水弯

图2-24　PVC配件

PVC胶黏剂具有操作简单、黏接强度高、快速定位、密封性能好、耐寒热、耐介质性强、固化物无毒等特点，性能优良，常用于PVC、PE、PP、ABS等材料的互粘和交叉黏接。（图2-25）

3.材料质量要求

室内排水用管材，主要有排水铸铁管、硬聚氯乙烯排水管（PVC-U管）。当排水管径小于50mm时，可采用钢管。

铸铁排水管及管件应符合设计要求，有出厂合格证。塑料排水管内外表层应光滑、无气泡，管壁厚薄均匀、色泽一致。直管无弯曲变形。管件造型应规矩、光滑、无毛刺，并有出厂合格证以及产品说明书。

材料进场时需要报验，合格后方能进行安装。

图2-25 PVC胶粘剂

二、管道施工

（一）施工技术

室内排水系统安装应参照《建筑给水、排水及采暖工程施工质量验收规范》（GB50242—2002）、《住宅装饰装修工程施工规范》（GB50327—2001）、《建筑施工质量验收统一标准》（GB50300—2001）及相关技术规程的要求。

1.一般规定

生活污水管道应使用塑料管、铸铁管或混凝土管。雨水管道宜使用塑料管、铸铁管、镀锌钢管、非镀锌钢管或混凝土管等。悬吊式雨水管道应选用钢管、铸铁管或塑料管。易受振动的雨水管道（如锻造车间等）应使用钢管。

2.安装准备

熟悉施工图纸及国家和行业的相关验收规范。

核对管道的标高、坐标是否有误，特别是各种卫生器具排水口的定位尺寸是否正确，检查各种安装用机具是否齐备、完好，安全防护措施是否完备。

对现场安装中出现的问题或图纸交待不清的地方，应及时与设计部和有关部门协商研究解决，并做好变更记录。

3.连接方式

●法兰连接

法兰连接方式具体是指在管路对接的两端铸有法兰，在法兰端面上开有密封槽，槽内装密封圈，对接好后用螺栓或双头螺柱将管路紧紧连在一起，安装法兰时要求两个法兰保持平行，法兰的密封面不能碰伤，并且要清理干净。（图2-26）

●PVC-U管道黏接

PVC-U管道用专门的胶黏剂。步骤如下：

（1）清洁：管材或管件在黏接前，应将承口内侧和插口外侧擦拭干净，无尘砂与水迹。当表面沾有油渍时，应采用清洁剂擦净。管材应根据管件实测承口深度，在管端表面画出插入深度标记。

（2）涂胶：胶黏剂刷涂应先涂管件承口内侧，后涂管材插口外侧。插口涂刷应为管端至插入深度标记范围内。胶黏剂涂刷应迅速、均匀、适量，不得漏涂。

（3）黏接：承插口涂刷胶黏剂后，应即找正方向将管子插入承口，施压使管端插入至预先划出的插入深度标记处，并再将管道旋转90°。管道承插过程不得用锤子击打。承插接口粘接后，应将挤出的胶黏剂擦净。粘接后承插口的管段，根据胶黏剂的性能和气候条件，应静置至接口固化为止。（图2-27）

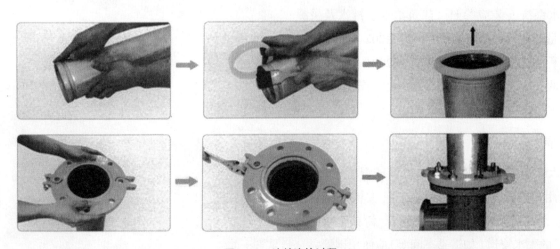

图2-26　法兰连接过程

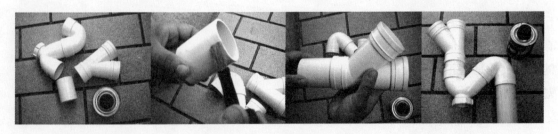

图2-27　PVC排水管黏接过程

（二）施工流程

安装准备 → 支吊架安装 → 放样加工管道 → 排水主干管安装 → 排水支管安装 → 封口堵洞 → 灌水试验。

● 管道安装

目前室内排水管道采用较多的是塑料排水管（PVC-U管）黏接安装，其次是柔性抗震排水铸铁管（主要用于高层建筑）法兰压接安装。

在管道安装过程中应遵循先主管再支管的原则。应先将预制好的管段用铁丝临时吊挂，查看无误后再进行粘接。黏接后应迅速摆正位置，按规定校正管道坡度，用木楔卡牢接口，紧住铁丝临时加以固定。待黏接固化后，再紧固支承件，但不宜卡箍过紧。安装时应先将管段扶正，再按设计要求安装伸缩节。夏季，伸缩节为5~10mm，冬季则为15~20mm，调整好预留间隙，在管端画出标记。安装完毕后按规定堵洞或固定套管。（图2-28）

1.选用细齿锯或专用PVC管断管器，将管材按要求长度垂直切开。

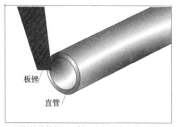

2.用板锉将管断口毛刺和毛边去掉，并倒角。在涂抹胶粘剂之前，用干布将承插口处粘接表面残屑、灰尘、水、油污擦净。

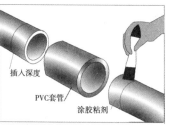

3.用毛刷将胶粘剂迅速均匀地涂抹在插口外表面和承口内表面。

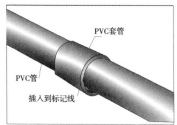

4.将两根管材和管件的中心找准，迅速将插口插入承口保持至少两分钟，以便胶粘剂均匀分布固化。

5.用布擦去管材表面多余的胶粘剂，在连接好48小时之后方可通水。

图2-28　PVC管安装流程

（三）施工中应注意的问题

室内生活污水排水系统，屋面雨水排水系统等不得使用国家明令禁止的手工翻砂排水铸铁管。

施工过程中应积极与设计、业主及监理等部门协商，如需开洞的，应正确放线定位，利用机械钻孔成型，若有切断的钢筋必须重新进行加固。

排水管道不得穿越沉降缝、伸缩缝、烟道、风道。

排水管道不得布置在餐厅及具有主副食操作、烹调的上方。居住小区内的餐厅、饭店等处排放的生活污水由于会有较多的油脂，为避免造成堵塞，增加污染，须先经过隔油池再接至室外排水管道，不能直接排入室外排水管道。

塑料排水管应远离热源附近，如需安装应采取隔热措施，其排水主管与家用灶具边缘净距不得小于400mm，与供热管道平行敷设时的净距不得小于200mm，且管道表面受热温度不大于60℃。

排水管道穿越楼板处为固定安装时可不加穿楼套管，若为非固定安装时应加设金属或塑料套管。套管内径比穿越管外径大10~20mm，并用沥青嵌缝，套管高出地面不得小于50mm，底部应与楼板底面相平。非固定支承体的内壁应光滑，与管壁之间应留有微隙。

三、质量标准及验收

质量标准及验收需要符合以下文件中的规范和标准：《建筑给水排水及采暖工程施工质量验收规范》（GB50242—2002）、《建筑工程施工质量验收统一标准》（GB50300—2001）、《住宅装饰装修工程施工规范》（GB5032—2001）。

（一）室内排水管道及配件安装主控项目

隐蔽或埋地的排水管道在隐蔽前必须做灌水试验，其灌水高度应不低于底层卫生器具的上边缘或底层地面高度。

生活污水铸铁管道的坡度符合设计或本规范表的规定。（表2-9）

表2-9　生活污水铸铁管道坡度

项次	管径（mm）	标准坡度（‰）	最小坡度（‰）
1	50	35	25
2	75	25	15
3	100	20	12
4	125	15	10
5	150	10	7
6	200	8	5

生活污水塑料管道的坡度必须符合设计或本规范表规定。（表2-10）

表2-10　生活污水塑料管道坡度

项次	管径（mm）	标准坡度（‰）	最小坡度（‰）
1	50	25	12
2	75	15	8
3	110	12	6
4	125	10	5
5	160	7	4

排水塑料管必须按设计要求及位置装设伸缩节。如设计无要求时，伸缩节间距不得大于4m。高层建筑中明设排水塑料管道应按设计要求设置阻火圈或防火套管。

排水主立管及水平干管管道均应做通球试验，通球球径不小于排水管道管径的2/3，通球率必须达到100%。

（二）室内排水管道及配件安装一般项目

（1）在生活污水管道上设置的检查口或清扫口，当设计无要求时应符合下列规定：

在立管应每隔一层设置一个检查口，但在最底层和有卫生器具的最高层必须设置。检查口中心高度距操作地面一般为1m，允许偏差±20mm；检查口的朝向应便检修。暗装立管，在检查口处应安装检修门。

在连接2个及2个以上大便器或3个以上卫生器具的污水横管上应设置清扫口。

在转角小于135°的污水横管上，应设置检查口或清扫口。污水横管的直线管段，应按设计要求的距离设置检查口或清扫口。

（2）埋在地下或地板下的排水管道的检查口，应设在检查井内。井底表面标高与检查口的法兰相平，井底表面应有5%坡度，坡向检查口。

（3）金属排水管道上的吊钩或卡箍应固定在承重结构上。固定件间距：横管不大于2m，立管不大于3m。楼层高度小于或等于4m，立管可安装1个固定件。立管底部的弯管处应设支墩或采取固定措施。

（4）塑料排水管道支、吊架间距应符合表2-11的规定。

表2-11　塑料排水管道支吊架间距

管径（mm）	50	75	110	125	160
立管	1.2	1.5	2.0	2.0	2.0
横管	0.5	0.75	1.10	1.30	1.6

（5）排水通气管不得与风道或烟道连接，且应符合下列规定：

通气管应高出屋面300mm，但必须大于最大积雪厚度。通气管出口4m以内有门、窗时，通气管应高出门、窗顶600mm或引向无门、窗的一侧。在经常有人停留的平屋顶上，通气管应高出屋面2m，并应根据防雷要求设置防雷装置。屋顶有隔热层应从隔热层板面算起。

（6）安装未经消毒处理的医院含菌污水管道，不得与其他排水管道直接连接。

（7）饮食业工艺设备引出的排水管及饮用水水箱的溢流管，不得与污水管道直接连接，并应留出不小于100mm的隔断空间。

（8）通向室外的排水管，穿过墙壁或基础必须下返时，应采用45°三通和45°弯头连接，并应在垂直管段顶部设置清扫口。

（9）由室内通向室外排水检查井的排水管，井内引入管应高于排出管或两管顶相平，并有不小于90°的水流转角，如跌落差大于300mm，可不受该角度的限制。

（10）室内排水的水平管道与水平管道、水平管道与立管的连接，应采用45°三通或

45°四通和90°斜三通或90°斜四通。

室内排水管道安装的允许偏差应符合表2-12的相关规定。

表2-12 空间排水管道允许偏差数据

项次	项目				允许偏差（mm）	检验方法
1	坐标				15	用水准仪（水平尺）、直尺、拉线和尺量检查
2	行高				±15	
3	横管纵横方向弯曲	铸铁管	每1m		≯1	
			全长（25m以上）		≯25	
		钢管	每1m	管径小于或等于100mm	1	
				管径大于100mm	1.5	
			全长（25m以上）	管径小于或等于100mm	≯25	
				管径大于100mm	≯308	
		塑料管	每1m		1.5	
			全长（25m以上）		≯38	
4	立管垂直度	铸铁管	每1m		3	吊线和尺量检查
			全长（5m以上）		≯15	
		钢管	每1m		3	
			全长（5m以上）		≯10	
		塑料管	每1m		3	
			全长（5m以上）		≯15	

第三节 强弱电施工

在建筑装饰领域中，人们常将电压信号分为强电（电力）和弱电（信息）两部分。一般来说高于36V的都可归为强电，如220V、380V、10KV高压。其特点是电压高、电流大、功率大、频率低。弱电一般是指低于36V的安全电压，处理对象主要是信息，即信息的传送和控制，包括电视工程、通信工程、消防工程、保安工程、影像工程，等等。其特点是电压低、电流小、功率小、频率高。

一、施工前的准备

（一）技术准备

明确电气工程与其配合的相关工作内容。确定安装标高、位置，安装方式及电气管线的合理走向和布置方法。

所需机具、仪器仪表及其他专用工具齐备完好。施工用水、用电已落实到位，各种待安装的设备、材料已到达施工现场并已向有关部门报验。安全措施完善。

检查原电路是否有漏电保护装置，进户线径大小，有多少回路，分别控制什么，是否有地线且地线接地情况，电路总负荷是多少，原有线路老化程度等。

找到电视、电话、网线的入户接线盒，检测有几个回路，电视信号是否入户。

（二）材料准备

1. 强电项目材料

常用电气材料主要是表箱、电线、穿线管、接线盒、开关插座面板、各类灯具和设备等。（图2-29）

图2-29　常用强电布线材料

● 电线（电缆）

电线电缆是指用于电力、通信及相关传输用途的材料。"电线"和"电缆"并没有严格的界限。通常将芯数少、产品直径小、结构简单的产品称为电线，没有绝缘的称为裸电线，其他的称为电缆。

室内装修所用电线主要为铜芯或铝芯制成，一般分为护套线和单股线两类。颜色有多种，接线选用绿黄双色线，接开关线用红白黑紫任意一色，但在同一装修工程中用线的颜色用途应一致。（图2-30）

● 电线的常用规格

家居用电源线宜采用BVV2×2.5和BVV2×1.5型号的电线。BVV是国家标准代号，为铜质护套线，2×2.5和2×1.5分别代表2芯2.5mm^{2}和2芯1.5mm^2。一般情况下，2×2.5做主线、干线，2×1.5做单个电器支线、开关线。单相空调专线用BVV2×4，另配专用地线。

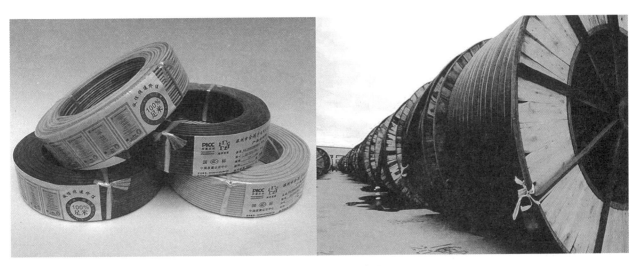

图2-30　常用电线、电缆

图2-31 PZ-30照明箱

$I=Q/T=A$（安培），即电流的强弱是以单位时间通过导体横截面的电量来计算的。

家庭装饰常用规格

照明——1.5mm²，普通插座——2.5mm²，空调挂机——4mm²，空调柜机——4~6mm²，中央空调——6~8mm²，进户总线——10mm²，独股线三根，分色，分别为火线、地线、零线。

● 配电箱与空气开关（图2-31）

配电箱是集中安装开关、仪表等设备的成套装置。空气开关也就是断路器，在电路中接通、分断和承载额定工作电流，并能在线路和电动机发生过载、短路、欠压的情况下进行可靠的保护。常用的型号如：C-63进户线10mm²，C-25进户线4mm²，C-20进户线2.5mm²，C-16进户线1.5mm²。（图2-32）

● 常用穿线管及其配件

穿线管主要用于电缆电线的保护和安装，常用的穿线管有PVC穿线管和金属线管，其规格有 $\Phi16$、$\Phi20$、$\Phi32$。（图2-33）

常用配件：穿线盒：明盒、暗盒（单盒、双盒、三连盒）、锁母、弯头、接头；

波纹管：阻燃塑料管、金属波纹管。（图2-34）

图2-32 空气开关

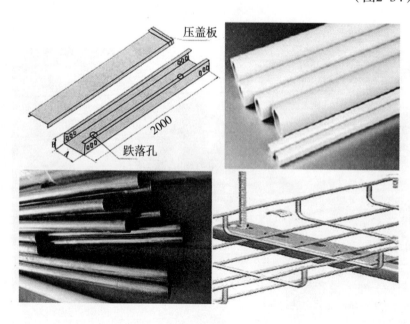

图2-33 常用穿线管及支架

PVC穿线管

PVC穿线管

PVC穿线管

等径直通

等径弯头

等径三通

异径直通

入盒接头

带盖三通

管夹

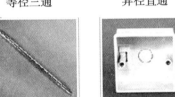
变管弹簧

暗装单底开关盒

暗装双底开关盒

暗装三底开关盒

明装单底开关盒

图2-34 常用配件

图2-35 常用开关插座

图2-36 常用弱电线材

图2-37 开线槽和底盒安装

●终端开关插座（图2-35）

终端开关插座主要有以下几种：

常见开关面板：单开、双开、单开双控、3-4开等。

常见插座面板：二、三眼插座（五眼插座），一开五孔等。

其他常用插座：电话插座、有线电视插座、网络插座、音响插座。

2.弱电项目材料

常见弱电施工项目主要有电话、网络、有线电视、音响、和智能化系统布置等，其施工与强电类似。（图2-37）

二、施工流程

施工前的检测→水电定位→开槽→布线布管→电路检测→安装灯具、洁具→安装开关、插座面板。

（一）现场交底

了解电器的尺寸及安装方位，定好电器的位置，计算好用电的功率，灯具是否单联双控。

开关与插座的布置宁多勿少。在伸手可触摸的高度内，应用安全插座，卫生间要采用防水插座。开关插座的暗盒安装要牢固、方正。盒内清洁无脏物。面板底与墙面平整吻合或略低。开关合理定位，防止推拉门遮住开关，方便使用。

（二）开槽和底盒安装

1.开槽

根据所画线路和所注明的回路，算出开槽的宽度，所开槽必须横平竖直，深度≥29mm，电路开槽深度为线管的管径加12mm，混凝土根据实际开槽。强电或弱电开槽必须≥500mm。（图2-37）

2.底盒安装

底盒安装应注意前先装底盒后布管，锁扣同时安装上。底盒必须平面垂直，同一室内底盒必须安装在同一水平线上。

开关插座底盒安装的规定：

进门开关盒底边距地面1.3m，侧边距门套线必须≥70mm。并列安装的相同型号开关一般要距水平地面高度相差≤1mm，特殊位置（床头开关等）的开关则要按业主要求进行安装。

开关、插座底盒安装时，开口面与墙面平整、牢固、方正，贴墙砖处可略凸出。凡开关、插座应采用专用底盒，四周不应有空隙，盖板必须端正、牢固。开关、插座要避开造型墙面，非要不可的尽量安装在不显眼的地方。开关、插座应尽量安装在瓷砖正中，不能把开关、插座安装在瓷砖腰线和花砖上。

（三）埋管布线

导线必须要放在开关盒内；插座盒内留线长度要大于150mm，且线头必须用绝缘胶布包缠好，绕圈卷入盒内。地线、公用导线和通过盒内不可剪断直接通过的线，也应在盒内留一定余地。如遇大功率用电器，分线盒内主线达不到负荷要求时，必须走专线，且要考虑线径的大小和空气开关负荷的大小。（图2-38）

弱电（电话、电视、网线）导线与强电导线严禁共槽共管，且弱电线槽与强电线槽间距≥500mm，在连接处，电视线必须用接线合电视分支器连接。室内如增加网线要求并联接线，需在总进线点设立接线箱，每个网点需独立布专线，严禁串联。严禁照明电路在插座电路上接电。

1.用户配电箱

规定将照明、空调及一般插座，按至少三

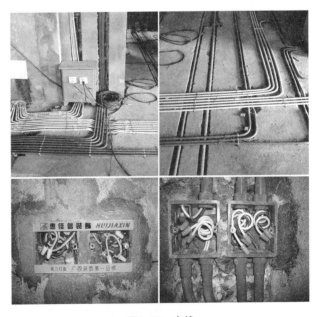

图2-38　布线

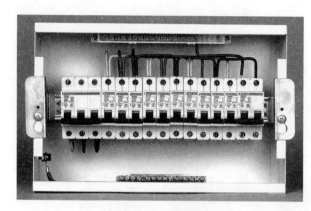

图2-39 配电箱

图2-40 管盒连接

个回路以上设计、敷设。为确保用电安全协调保护，保护器分别采用TSN-32型以上双极断路器和TSN-32型以上漏电保护断电器。

电箱内导线保留长度不少于配电箱的半周长。配电箱内导线应绝缘良好、排列整齐、固定牢固，严禁露出铜线。配电箱的进线口和出线口宜设在配电箱上端口和下端口，接口牢固。为保证用户用电安全，单相电能表必须用双极隔离开关，且为用户加接地保护，采取单相三线制。（图2-39）

2. 管与管、管与道（盒）连接时应注意的问题

管与管之间采用套管连接，套管长度宜为管外径的1.5~3倍，管与管的对口应位于套管中心。管与器件边接时，插入深度为2cm，但与暗盒连接时，必须在管口套锁扣。（图2-40）

当直线段长度超过15或直角弯超过3个时，必须增设接线盒。暗管在墙体内严禁交叉，严禁未有接线盒跳管，严禁走斜道。弯管必须用专用弯管器。在布线套管时，同一槽内线管如超过2根，管与管之间留≥15mm的间缝。顶棚是空心板的，严禁横向开槽。

3. 管内穿线

导线在管内严禁接头，接头应在接线盒（箱）内。管内导线的总横截面积应小于线管截面的40%。电线连接方式可分为传统单股铜芯导线的直线连接（图2-41）、电线快速接头连接方式及应用。（图2-42、图2-43）

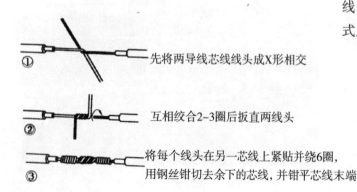

① 先将两导线芯线线头成X形相交

② 互相绞合2-3圈后扳直两线头

③ 将每个线头在另一芯线上紧贴并绕6圈，用钢丝钳切去余下的芯线，并钳平芯线末端

图2-41 传统单股铜芯导线的直线连接

直通系列缆虫使用方法说明

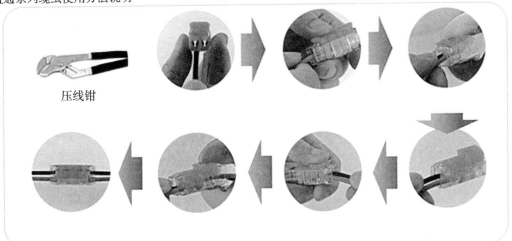

压线钳

短接系列缆虫使用方法说明

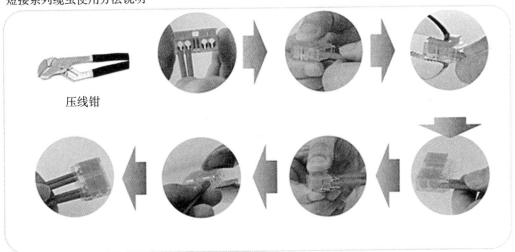

压线钳

图2-42 电线快速接头连接方式

缆虫应用范围：

家庭装修电源线路连接，室内外照明电线连接，各种信号和电源电线和线缆连接等诸多领域

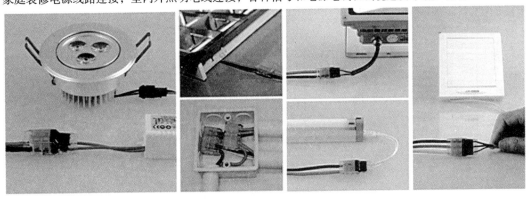

图2-43 电线快速接头连接方式应用

绝缘导线在空心楼板孔内敷设时，应符合下列条件：

导线穿入前，应将板孔内的积水、杂物清除干净；导线穿入时，用套管护线，不应损伤导线的保护层，并要方便更换导线；弱电导线与强电导线相距必须大于500mm；转弯处必须用弯管器将线管冷弯。

（四）开关、插座、面板安装

进门开关盒底边距地面1.3m，侧边距门套线必须≥70mm。并列安装的相同型号开关距水平地面高度相差≤1mm，特殊位置（床头开关等）的开关按业主要求进行安装，同一水平线的开关<5mm。

灯具开关必须串接在相线上，零线不得串接开关。凡插座必须是面对面板方向，左接零线，右接相线，三孔插上端地线，并且盒内不允许有裸露铜线。

插座应依据其使用功能定位，尽量避免牵线过长，插座数量宁多勿少。地脚插座底边距地面≥300mm。在潮湿场所应用密封式或保护式插座，安装高度应≥1.5m。（图2-44）

在儿童房，应采用安全型插座。

计算负荷时，凡没有固定负荷体的插座，均按1000W计算。普通插座采用≥2.5mm²的铜芯线。开关安装后应方便使用，同一室内开关必须安装在同一水平线上，并按最常用、很少用的顺序布置。

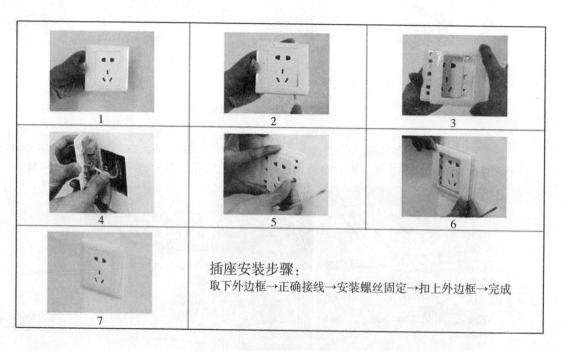

插座安装步骤：
取下外边框→正确接线→安装螺丝固定→扣上外边框→完成

图2-44 插座安装步骤

（五）灯具安装

将灯具底座取出安装位置定位，用电锤ϕ6或ϕ8个的钻头打眼，钉上塑料膨胀管，将底座固定，接好电源线，把灯具安装上。采用钢管作灯具吊杆时，钢管内件不应小于10mm，管壁厚度不应小于1.5mm。

吊链式灯具的拉线不受压力，灯线必须超过吊链20mm长度，灯线与吊链编结在一起，同一室内或场所成排安装的灯具，在安装时，应按先定位、后安装的顺序，中心偏差≤2mm。

当灯具重量≥2kg时，应采用膨胀螺栓固定。灯具组装必须合理、牢固，导线接头必须牢固、平整。

嵌入式装饰灯具的安装须符合下列要求：

（1）灯具应固定在专设的框架上，导线在灯盒内应留有余地，方便拆卸维修。灯具的边框应紧贴顶棚面上且完全遮盖灯孔，不得有露光现象。

（2）灯带长度，灯带剪断时只能按米剪断，如4.5m就应该剪5m长。

（3）从安全角度考虑，射灯必须配备相应的变压器，考虑所安装射灯的空间是否足够，如空间狭窄以及用ϕ40mm的灯架时，则用迷你型变压器，另外要检查灯杯和灯珠是否为12V。

（六）施工中应注意的问题

不准违背操作规程进行施工。临时用电应符合《建设工程施工现场供用电安全规范》（GB50190—93）的要求。不带电作业。

注重防火安全，电气防火应符合《住宅装饰装修工程施工规范》（GB50327—2001）中有关规定要求。养成文明施工的良好习惯，工程完工和下班时，应对施工现场进行清扫整理，做到工完场清。认真做好隐蔽工程验收记录，设计修改变更签证以及设备，材料进场后的验收，报验工作。

三、质量标准及验收

（一）电线导管、电缆导管和线槽敷设

金属的导管和线槽必须接地（PE）或接零（PEN）可靠，并符合下列规定：

（1）镀锌的钢导管、可挠性导管和金属线槽不得熔焊跨接接地线，以专用接地卡跨接的两卡间连线为铜芯软导线，截面积不小于4mm²。

（2）当非镀锌钢导管采用螺纹连接时，连接处的两端焊跨接接地线；当镀锌钢导管采用螺纹连接时，连接处的两端用专用接地卡固定跨接接地线。

（3）室内进入落地式柜、台、箱、盘内的导管管口，应高出柜、台、箱、盘的基础在50~80mm。

（4）暗配的导管，埋设深度与建筑物、构筑物表面的距离不应小于15mm；明配的导管

应排列整齐,固定点间距均匀,安装牢固;在终端、弯头中点或柜、台、箱、盘等边缘的距离150~500mm范围内设有管卡,中间直线段管卡间的最大距离应符合表2-13的规定。

（5）线槽应安装牢固,无扭曲变形,紧固件的螺母应在线槽外侧。

表2-13 管卡间最大距离

敷设方式	导管种类	导管直径（mm）				
		15-20	25-32	32-40	50-65	65以上
		管卡间最大距离（m）				
支架或沿墙明敷	壁厚大于2mm刚性钢导管	1.5	2.0	2.5	2.5	3.5
	壁厚大于2mm刚性钢导管	1.0	1.5	2.0	—	—
	刚性绝缘导管	1.0	1.5	1.5	2.0	2.0

（二）电线、电缆穿管和线槽敷线

1.主控项目

三相或单相的交流单芯电缆,不得单独穿于钢导管内。

不同回路、不同电压等级和交流与直流的电线,不应穿于同一导管内;同一交流回路的电线应穿于同一金属导管内,且管内电线不得有接头。

爆炸危险环境照明的电线和电缆额定电压不得低于750V,且电线必须穿于钢导管内。

2.一般项目

电线、电缆穿管前,应清除管内杂物和积水。管口应有保护措施,不进入接线盒（箱）的垂直管口穿入电线、电缆后,管口应密封。

当采用多相供电时,同一建筑物、构筑物的电线绝缘层颜色选择应一致,即保护地线（PE线）应是黄绿相间色,零线用淡蓝色;相线用:A相——黄色、B相——绿色、C相——红色。

线槽敷线应符合下列规定:电线在线槽内有一定余量,不得有接头。电线按回路编号分段绑扎,绑扎点间距不应大于2m;同一回路的相线和零线,敷设于同一金属线槽内;同一电源的不同回路无抗干扰要求的线路可敷设于同一线槽内,敷设于同一线槽内有抗干扰要求的线路用隔板隔离,或采用屏蔽电线且屏蔽护套一端接地。

（三）电缆头制作、接线和线路绝缘测试

1.主控项目

高压电力电缆直流耐压试验必须按本规范的规定交接试验合格。低压电线和电缆,线间和线对地间的绝缘电阻值必须大于0.5MΩ。铠装电力电缆头的接地线应采用铜绞线或镀锡铜编织线,截面积不应小于表2-14的规定。电线、电缆接线必须准确,并联运行电线或

电缆的型号、规格、长度、相位应一致。

表2-14　电缆芯线和接地线截面积

电缆芯线截面积（mm²）	接地线截面积（mm²）
120及以下	16
150及以下	25

注：电缆芯线截面积在16mm²及以下，接地线截面积与电缆芯线截面积相等。

2.一般项目

芯线与电器设备的连接应符合下列规定：

截面积在10mm²及以下的单股铜芯线和单股铝芯线直接与设备、器具的端子连接；截面积在2.5mm²及以下的多股铜芯线拧紧搪锡或接续端子后与设备、器具的端子连接；截面积大于2.5mm²的多股铜芯线，除设备自带插接式端子外，接续端子后与设备或器具的端子连接；多股铜芯线与插接式端子连接前，端部拧紧搪锡；多股铝芯线接续端子后与设备、器具的端子连接；每个设备和器具的端子接线不多于2根电线。电线、电缆的芯线连接金具（连接管和端子）规格应与芯线的规格适配，且不得采用开口端子。电线、电缆的回路标记应清晰，编号准确。

第三章　楼地面装饰

楼地面装饰是建筑装饰工程的重要内容，集功能性与艺术性于一体，不仅是装饰面，也是人们进行活动和陈设家具的水平界面。所以楼地面承担各种荷载，并与顶棚共组成了室内空间上下水平要素。因为地面常常受到各种侵蚀、摩擦冲击，按照不同功能的使用要求，还需具有耐污性、防水性、防潮性、美观舒适等性能。

按照不同的处理方式，楼地面装饰主要有：块材地面（陶瓷地砖地面、石材地面）装饰，木制地面（实木地板地面、复合地板地面）装饰，软质地面（地毯地面）装饰。

第一节　块材地面

块材楼地面包括砖面层、大理石层和花岗岩层、预制板块面层、料石层、塑料板层和活动地板层等。在建筑装饰中常见的石材分人造石材与天然石材，天然石材有大理石和花岗岩，人造石材有陶瓷面砖等。

一、施工前的准备

（一）技术装备

（1）室内抹灰、地面垫层、预埋在垫层内的线管均已完成。

（2）大理石、花岗石板块进场后，应侧立堆放在室内光面相对、背面垫松木条，并在板下加点木方。详细核对品种、规格、数量等是否符合设计要求，有裂纹、缺棱、掉角、翘曲和表面有缺陷时，应予剔除。

（3）房间内四周墙上弹好＋水平线，以施工大样图和加工单为依据，熟悉了解各部位尺寸和做法，弄清洞口、边角等部位之间的关系。

（4）基层处理要干净，高低不平处要凿平和修补，基层应清洁，不能有砂浆，尤其是白灰砂浆灰、油渍等，并用水湿润地面。

（5）冬期施工操作温度不得低于5℃。

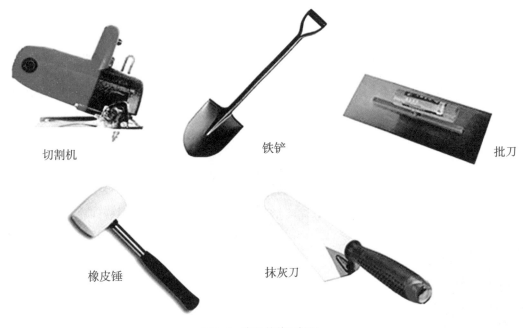

切割机　　　　铁铲　　　　批刀

橡皮锤　　　　抹灰刀

图3-1　常用的施工机具

（二）施工机具

（1）根据施工条件，应合理选用适当的机具设备和辅助用具，以能达到设计要求为基本原则，兼顾进度、经济要求。

（2）常用机具设备有：云石机、手推车、计量器、筛子、木耙、铁锹、大桶、小桶、钢尺、水平尺、小线、胶皮锤、木抹子、铁抹子等。（图3-1）

图3-2　抛光砖

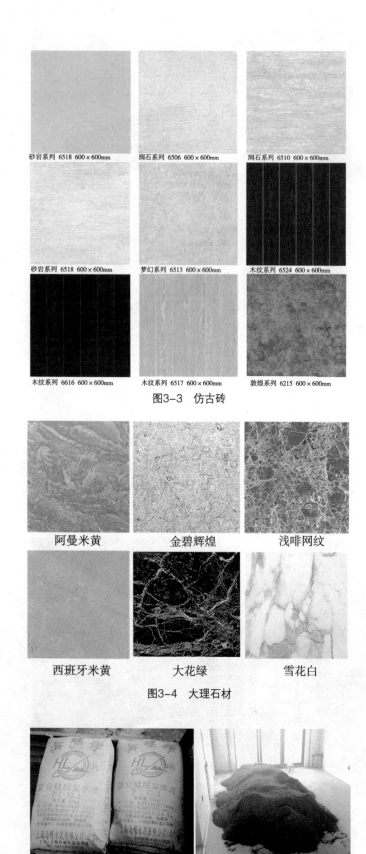

砂岩系列 6518 600×600mm   润石系列 6506 600×600mm   润石系列 6510 600×600mm

砂岩系列 6518 600×600mm   梦幻系列 6513 600×600mm   木纹系列 6524 600×600mm

木纹系列 6616 600×600mm   木纹系列 6517 600×600mm   敦煌系列 6215 600×600mm

图3-3 仿古砖

阿曼米黄   金碧辉煌   浅咖网纹

西班牙米黄   大花绿   雪花白

图3-4 大理石材

图3-5 水泥和砂

（三）材料

（1）玻化砖是瓷质抛光砖的俗称，是由石英砂、泥按照一定比例烧制而成，然后经打磨抛光，表面如玻璃镜面一样光滑透亮，是所有瓷砖中最硬的一种，在吸水率、边直度、弯曲强度、耐酸碱性等方面都优于普通釉面砖及一般的大理石，广泛用于室内墙、地面装饰，常见的规格有：800×800、600×600、300×300、1000×1000等。（图3-2）

（2）仿古砖是上釉的瓷质砖，有着高硬度强度的砖坯，又不失丰富的纹路花色。所谓仿古，指的是砖的效果，涵盖了仿石、仿岩、仿木、仿皮和仿金属等各种纹理的特征，具有强大的空间表现力。唯一不同的是在烧制过程中，仿古砖技术含量要求相对较高，数千吨液压机压制后，再经千度高温烧结，使其强度高，具有极强的耐磨性，经过精心研制的仿古砖兼具了防水、防滑、耐腐蚀的特性。（图3-3）

（3）大理石是以大理岩为代表的一类岩石，包括碳酸盐岩和有关的变质岩，相对花岗石来说一般质地较软。大理石不变形、硬度高、耐磨性强、抗磨蚀、耐高温、免维护、物理性稳定，组织缜密，受撞击晶粒脱落，表面不起毛边，不影响其平面精度，材质稳定，能够保证长期不变形，线膨胀系数小，机械精度高，防锈、防磁、绝缘。（图3-4）

（4）水泥砂浆应采用硅酸盐水泥、普通硅酸盐水泥或矿渣硅酸盐水泥；其水泥强度等级不宜小于32.5PMa；配制水泥砂浆的体积比应符合设计要求，不同品种、不同强度等级的水泥严禁混用。砂应选用中砂或粗砂，含泥量不得大于3%。（图3-5）

二、施工流程

基层处理→找面层标高、弹线→水泥砂浆找平→弹铺砖控制线→铺砖→勾缝、擦缝→养护→踢脚板安装→检查验收

施工步骤如下：

（1）基层处理：把沾在基层上的浮浆、落地灰等用钢丝刷清理掉，再用扫帚将浮土清扫干净。（图3-6）

（2）找标高：根据水平标准线和设计厚度，在四周墙、柱上弹出面层的标高控制参考线。

（3）排砖：将房间依照砖的尺寸留缝大小，排出砖的放置位置，并在基层地面弹出十字控制线和分格线。排砖应符合设计要求，当设计无要求时，宜避免出现板块小于1／4边长的边角料。（图3-7）

（4）铺设结合层砂浆：铺设前应将基底湿润，并在基底上刷一道素水泥浆或界面结合剂，边刷边铺设搅拌均匀的干硬性水泥砂浆。（图3-8）

（5）铺砖：将砖放置在于拌料上，先用橡皮锤找平，之后将砖拿起，在干拌料上浇适量素水泥浆，同时在砖背面涂上素水泥膏，再将砖放置在找平过的干拌料上，用橡皮锤按标高控制线和方正控制线坐平坐正。（图3-9）

图3-6 地面清洁

图3-7 地砖放线与预铺

图3-8 铺设结合层砂浆

图3-9 砖背面涂素水泥膏和水平尺找平

图3-10　砖与砖之间留缝

（6）铺砖时应先在房间中间按照十字线铺设十字控制砖，之后按照十字控制砖向四周铺设，并随时用2m靠尺和水平尺检查平整度。大面积铺贴时应分段、分部位铺贴。

（7）如设计有图案要求时，应按照设计图案弹出准确分格线，并做好标记，防止差错。

（8）养护：当砖面层铺贴完24h内应开始浇水养护，养护时间不得小于7d，养护期间面层上不准上人、堆物。

（9）勾缝：当砖面层的强度达到可上人的时候可以进行勾缝，用同种、同强度等级、同色的水泥膏或1：1水泥砂浆，要求缝清晰、顺直、平整、光滑、深浅一致，缝应低于砖面0.5~1mm。（图3-10）

（10）踏脚板安装：踏脚板用料应采用与地面块材同品牌、同规格、同颜色的材料，起立缝应与地面面缝对齐。

（11）冬季施工时，环境温度不应低于5℃。

三、质量标准

● 主控项目

（1）原料应符合国家标准的要求。

（2）面层与下一层应结合牢固，无空鼓、裂纹。

（3）面层表面的坡度应符合设计要求，不倒泛水、无积水；与地漏、管道结合处应严密牢固，无渗漏。

● 一般项目

（1）砖面层表面应洁净、图案清晰、色泽一致、接缝平整、深浅一致、周边顺直。板块无裂纹、缺楞、掉角等缺陷。

（2）面层邻接处的镶边用料及尺寸应符合设计要求，边角整齐光滑。

（3）踢脚线表面应洁净、高度一致、结合

牢固，出墙厚度一致。

（5）楼梯踏步和台阶板块的缝隙宽度应一致、齿角整齐；楼层梯段相邻踏步高度差不应大于10mm；防滑条应顺直。

（6）在管根或埋件部位应套裁，砖与管或埋件结合严密。

四、注意事项

（一）作业环境

作业应连续进行，尽快完成。夏季防止暴晒，冬季应有保温防冻措施，防止受冻。在雨、雪、低温、强风条件下，在室外或露天不宜进行砖面层作业。

（二）面层空鼓

造成面层空鼓的原因主要有以下几点：

底层未清理干净，未能洒水湿润透，夏季暴晒基层失水过快，影响面层与下一层的黏结力，造成空鼓。

刷素水泥浆不到位或未能随刷随抹灰，造成砂浆与素水泥浆结合层之间的黏结力不够，形成空鼓。

养护不及时，水泥收缩过大，形成空鼓。

凡检验不合格的部位，均应返工纠正，并制定纠正措施，防止再次发生。（不合格表现在：地面积水，有泛水的房间未找好坡度，水不能排入地漏。）

（三）成品保护

（1）施工时应注意对定位定高的标准杆、尺、线的保护，不得触动、移位。

（2）对所覆盖的隐蔽工程要有可靠保护措施，不得因浇筑砂浆造成漏水、堵塞、破坏或降低等级。

（3）砖面层完工后在养护过程中应进行遮盖和拦挡，保持湿润，避免受侵害。当水泥砂浆结合层强度达到设计要求后，方可正常使用。

（4）后续工程在砖面上施工时，必须进行遮盖、支垫，严禁直接在砖面上动火、焊接、和灰、调漆、支铁梯、搭脚手架等。进行上述工作时，必须采取可靠保护措施。

第二节　木制地面

木地板包括实木地板、实木复合木地板、强化复合木地板等。木地板具有自重轻、保温隔热、弹性好、易清洁、不返潮、温暖舒适等优点，经油漆和上蜡抛光后，其自然纹理更显高雅、名贵。

冲击钻	切割锯	手轻钻	磨光机
橡皮榔头	木工刨	硅胶枪	磨光机

图3-11　常用机具

实木地板

（一）施工前的准备

1. 技术准备

墙、顶抹灰完，门框安装完，并已弹好+50cm水平标高线；屋面防水、穿楼面管线均已完成，管洞已堵塞密实，预埋在地面内电管已做完；暖、卫管道防水试水、打压完成，并已经验收合格；房间四周弹好踢脚板上口水平线，并已预埋好固定木踢脚的木砖。

2. 常用机具设备

常用机具设备有：刨地板机、砂带机、手刨、角度锯、螺机、水平仪、水平尺、方尺、钢尺、小线、錾子、刷子、钢丝刷等。（图3-11）

3. 材料

（1）实木地板

实木地板是用木材直接加工而成的地板，是近几年装修中最常见的一种地面装饰材料。实木地板拥有实木板的优点，如纹理、色泽方面整体感好，物理性能稳定，更环保，更健康。（图3-12）

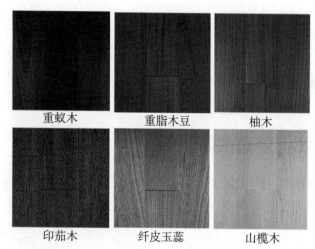

重蚁木	重脂木豆	柚木
印茄木	纤皮玉蕊	山榄木

图3-12　实木地板

（2）配件

配件主要包含踢脚线与扣条。（图3-13、表3-1）

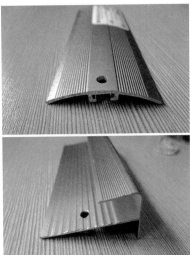

图3-13 实木踢脚线与扣条

表3-1 不同材质踢脚线对比

材质	特点	耐磨性	价格
木质踢脚线	视觉效果好，安装方便	较差，容易磨损，寿命较短	实木价格较高，密度板较低
PVC踢脚线	可用贴皮呈现出木纹或者油漆的效果	耐磨性差，容易磨损	价格便宜
不锈钢踢脚线	安装复杂，维护方便	耐磨性好，经久耐用	价格适中
铝合金踢脚线	防火防潮，比重较轻，装饰效果好	耐磨性好，经久耐用	价格适中
瓷陶或石材踢脚线	容易粘贴，硬度大，表面光滑	耐磨性好，经久耐用	价格较高
玻璃踢脚线	晶莹剔透，装饰效果好	耐磨性一般，易碎	价格较高

（3）质量要求

实木地板面层的条材和块材应采用具有商品检验合格证的产品，应符合设计要求，其产品类别、型号、使用树种、检验规则以及技术条件等均应符合现行国家标准《实木地板块》的规定。

实木地板面层所采用的材质和铺设时的木材含水率必须符合设计要求，木格栅、垫木和毛地板等必须做防腐、防蛀、防火处理。

硬木踢脚板的宽度、厚度、含水率均应符合设计要求，背面应满涂防腐剂，花纹颜色应力求与面层地板相同。

（二）地板铺设

1. 施工技术

粘贴式木地板。粘贴法的施工工艺为：基层清理→弹线→铺贴木地板→刨平、抛光、磨光→钉踢脚板→油漆→上蜡。

架空式木地板。木地板空铺法的施工工艺：基层清理→弹线→地垄墙砌筑→安装垫木、木格栅、剪刀撑→钉装毛地板→找平、刨平→铺钉木地板→装踢脚板→抛光、打磨→油漆→上蜡。（图3-14）

实铺式木地板。木地板实铺法施工工艺：基层清理→找平、弹线→钻孔、安装预埋件及木格栅→钉木地板→钉踢脚板→刨平、打磨→油漆→上蜡。

2. 施工流程

（1）地面基层处理。

基层应达到表面平整、干净、不起砂、不起皮、不起灰、不空鼓、无油渍。

（2）弹线、安装木格栅。

应先在楼板上弹出各木格栅的安装位置线及标高。将栅放平、放稳，并找好标高，将预埋在楼板内的铁丝拉出，捆绑好木格栅，两格栅之间可填一些轻质材料，以减低人行时的空鼓声，并改善保温隔热效果。（图3-15）

1.清洁地面　　　　2.画网格线　　　　3.放置支架　　　　3.调整水平

5.横梁连接　　　　6.安装地板　　　　7.地板封边　　　　8.清洁地板

图3-14　架空式地板铺法

图3-15　木格栅与防潮垫的安装

图3-16　安装木地板

图3-17　安装木地板

图3-18　安装踢脚线

（3）安装木地板。

铺设必须清除毛地板下面空间内的刨花等杂物。毛地板应与木格栅成30°或45°角斜向钉牢，板间的缝隙不大于3mm，以免起鼓。铺钉中，应随铺随检牢固程度，并检查水平度和平整度。用水平仪找平，不平处应刨平或垫平。毛地板铺钉后，根据设计要求，铺设防潮油纸或其他防潮隔离材料，铺油纸的搭接宽度不小于10mm。钉木地板可从墙的一边开始铺钉企口条板，靠墙的一块板应离墙面10~20mm缝隙，以后逐步排紧，用钉从板侧凹角斜向钉入，钉长为板厚的2~2.5倍，钉帽要砸平，企口条板要钉牢、排紧。（图3-16、图3-17）

（4）静面细刨、磨光。

地板刨光宜采用地板抛光机，长条地板应顺木纹刨，拼花地板应与地板木纹成45°斜刨，应注意刨去的厚度不应大于1.5cm。刨光时不宜走得太快，刨口不要过大，要多走几遍，机器刨不到的地方要用手刨，并用细刨净面。地面刨平后，应使用地板磨光机磨光，所用砂布应先粗后细，砂布应绷紧绷平，磨光方向及角度要与刨光方向相同。

（5）木踢脚板安装。

木踢脚因提前刨光，在靠墙的一面开成凹槽，并每隔1m钻直径6cm的通风孔，在墙上应每隔75cm砌防腐木砖，在防腐木砖外面钉防腐木块，再把踢脚板用明钉钉牢在防腐木块上，钉帽砸扁冲入木板内。木踢脚板接缝处应做暗或斜坡接搓，在90°转角处可做成45°斜角接缝，接头应固定在防腐木块上。（图3-18）

（6）将地板清理干净然后进行抛光打蜡处理。

（三）质量验收

1. 主控项目

材料应符合实木地板国家标准的要求。

木格栅安装应牢固、平直。

毛地板铺设应牢固，表面平整。

实木地板面层铺设应牢固，黏结无空鼓。

2. 一般项目

实木地板面层应刨平磨光，无明显刨痕和毛刺等现象；图案清晰，颜色均匀一致。

面层缝隙应严密，接头位置应符合设计要求，表面洁净。

拼花地板接缝应对齐，黏、钉严密；缝隙宽度均匀一致；表面洁净，胶黏无溢胶。

踢脚线表面应光滑，接缝严密，高度一致。

（四）注意事项

1. 作业环境

在施工过程中应注意对已经完成的隐蔽工程管线和机电设备的保护，各工种间搭接应合理，同时注意施工环境，不得在扬尘、湿度大等不利条件下作业，基层应干燥。

2. 行走有声响的原因

（1）格栅固定不牢固、毛地板与格栅间连接不牢固、面层与毛地板间连接不牢固都会造成走动有声响；木格栅含水率较高，安装后收缩。

（2）地板的平整度不够，格栅或毛地板有凸起的地方。

（3）地板的含水率过大，铺设后变形；复合木地板胶黏剂涂刷不均匀。

3. 成品保护

（1）施工时应注意对定位定高的标准线、尺的保护，不得触动、移位。

（2）对所覆盖的隐蔽工程要有可靠保护措施，不得因铺设实木地板面层造成漏水、堵塞、破坏或降低等级。

（3）实木地板面层完工后应进行遮盖和拦挡，避免受侵害。

（4）后续工程在实木地板面层上施工时，必须进行遮盖、支垫，严禁直接在实木地板面上动火、焊接、和灰、调漆、支铁梯、搭脚手架等。

（5）铺面层板应在建筑装饰基本完工后开始。

二、强化复合木地板

强化复合木地板，是以一层或多层专用纸浸渍热固性树脂，铺装在刨花板、高密度纤维板等人造板材基材表面，背面加平衡层，正面加耐磨层，经热压而成的地板。（图3-19）

图3-19 强化复合地板

（一）施工前的准备

1.技术准备

（1）材料检验符合要求。

（2）应已对所覆盖的隐蔽工程进行验收且合格，并进行隐检会签。

（3）施工前，应做好水平标志，以控制铺设的高度和厚度，可采用竖尺、拉线、弹线等方法。

（4）木地板作业应待抹灰工程和管边试验等施工完后进行。

2.主要机具设备

主要机具设备有：角度锯、螺机、水平仪、水平尺、方尺、钢尺、水平尺、小线、錾子、刷子、钢丝刷等。

3.材料

密度复合地板层的材料以及面层下的板衬垫等材质应符合设计要求，采用的材料及其技术等级及质量要求应符合设计要求。木格栅、垫木和毛地板等应做防腐、防蛀处理。（图3-20、表3-2）

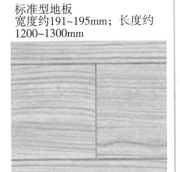
标准型地板
宽度约191~195mm；长度约1200~1300mm

宽板型地板
宽度约295mm；长度约1200mm

窄板型地板
宽度约100mm；长度约900~1000mm

图3-20 常见强化复合地板规格

安装方法

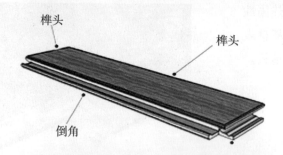

榫头

榫头

倒角

⬡ STEP 1 步骤一

了解地板的各个部分，对保证地板的合理安装非常重要

⬡ STEP 2 步骤二

从左到右放置地板，墙面和任何一面的地板连接处保持8mm的距离，如插页所示，保证把有榫头的一边朝着墙面

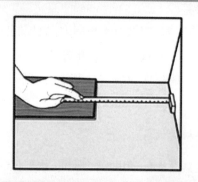

⬡ STEP 3 步骤三

把第二块地板的短边放在第一块地板短边的上面

⬡ STEP 4 步骤四

测量并且切割每排的最后一块地板

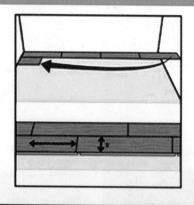

⬡ STEP 5 步骤五

用切割下来的左边部分长度大于0.3mm的地板继续开始第二排的安装，必须保证前一排剩下的地板长度大于0.3mm

⬡ STEP 6 步骤六

把地板的长边以30°角的位置放入到前一排，然后旋转放下，一排接一排地安装，直至完成整个房间的铺装

图3-21　强化复合地板安装步骤

表3-2 强化复合地板特性

强化复合地板的各项特性与指标	
美观度	仿真的各种木纹图案和地板颜色比较自然
耐磨度	达到国标的强化复合地板约为普通漆饰地板的10～30倍以上，家用地板的初始磨值≥6000转
稳定性	强化复合地板彻底打散了原来木材的组织，破坏了各向异性及湿胀干缩的特性，尺寸极稳定
冲击性能	一般规定强化复合地板的耐磨层厚都在0.1mm以上，厚的可达0.7mm
环保指标	甲醛释放量必须达到E1级，即≤1.5mg/L

图3-22 基层处理

二、施工流程

基底清理→弹线→防火、防腐处理→铺衬垫→铺强化复合地板→安装踢脚板→清理验收。（图3-21）

●操作工艺

（1）基底清理：基层表面应平整、坚硬、干燥、密实、洁净、无油脂及其他杂质，不得有麻面、起砂裂缝等缺陷。条件允许时，用自流平水泥将地面找平为佳。（图3-22）

（2）铺衬垫：将衬垫铺平，用胶黏剂点涂固定在基底上。（图3-23）

（3）铺强化复合地板：从墙的一边开始铺黏企口强化复合地板，靠墙的一块板应离开墙面10mm左右，以后逐块排紧。板间企口应满涂胶，挤紧后溢出的胶要立刻擦净。强化复合地板面层的接头应按设计要求留置。

图3-23 铺垫层

（4）铺强化复合地板时应从房间内退着往外铺设。（图3-24）

（5）不符合模数的板块，其不足部分在现场根据实际尺寸将板块切割后镶补，并应用胶黏剂加强固定。

图3-24 铺设强化复合地板

（三）质量标准

1. 主控项目

（1）材料应符合国家标准要求。

（2）强化复合地板面层铺设应牢固。

2. 一般项目

（1）强化复合地板面层图案和颜色应符合设计要求，图案清晰，颜色均匀一致，板面无翘曲。

（2）面层的接头应错开，缝隙严密，表面洁净。

（3）踢脚线表面应光滑，接缝严密，高度一致。

（四）注意事项

1. 作业环境

在施工过程中应注意对已经完成的隐蔽工程管线和机电设备的保护，各工种间搭接应合理，同时注意施工环境，不得在扬尘、湿度大等不利条件下作业。

2. 行走有声响的原因

地板基底的平整度不够。

3. 板面不洁净

地面铺完后未做有效的成品保护，受到外界污染。

4. 面层起鼓的原因

基层直接铺衬板，未铺防潮层，面板或衬板含水率高。

5. 木踢脚板变形的原因

木砖间距过大，踢脚板含水率高。

6. 不合格的处理办法

凡检验不合格的部位，均应返修或返工纠正，并制定纠正措施，防止再次发生。

7. 成品保护

（1）施工时应注意对定位定高的标准杆、尺、线的保护，不得触动、移位。对所覆盖的隐蔽工程要有可靠保护措施，不得因铺设强化复合地板面层造成漏水、堵塞、破坏或降低等级。

（2）强化复合地板面层完工后应进行遮盖和拦挡，避免受侵害。后续工程在强化复合地板面层上施工时，必须进行遮盖、支垫，严禁直接在强化复合地板面上动火、焊接、和灰、调漆、支铁梯、搭脚手架等。

第三节　地毯面层

地毯具有吸音、隔声、保温、隔热、防滑、弹性好、质地柔软、脚感舒适以及外观优雅等使用功能和装饰特点，是室内良好的铺地织物。地毯的铺设，应根据室内结构而进行设计，选用时应考虑材料、色彩、图案等因素。（图3-25、表3-3）

表3-3　地毯类型

地毯	纯毛地毯	手感柔和、拉力大、弹性好、质地厚实	耐菌性、耐潮湿性较差，价格昂贵	高级别墅住宅的客厅、卧室等
	混纺地毯	手感好、耐磨且耐虫蛀、耐腐蚀、耐霉变	易燃，易产生静电和吸附灰尘	普通家装客厅、卧室、书房等
	化纤地毯	耐磨性好并且富有弹性，防燃、防虫蛀	图案花色、质地手感等方面一般	客厅、卧室等
	塑料地毯	色彩鲜艳、耐腐蚀、耐虫蛀及可擦洗	手感硬、受气温的影响大，易老化	多用于门厅、玄关、卫生间

图3-25　地毯铺设效果

一、施工前的准备

（一）技术准备

除了与木地板铺设施工条件要求基本一致之外，如果是水泥类面层（或基层），还要求表面层已验收合格，其含水量应在10%以下。

（二）常用机具设备

常用机具设备有：裁毯刀、裁边机、地毯撑子、手锤、角尺、直尺、熨斗等。（图3-26）

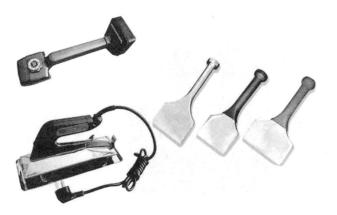

图3-26　地毯铺设常用工具

（三）材料要求

1. 地毯

地毯的品种、规格、颜色、花色、胶料和辅料及其材质必须符合设计要求和国家现行地毯产品标准的规定，其污染物含量低于室内装饰装修材料地毯中有害物质释放限量标准。（图3-27）

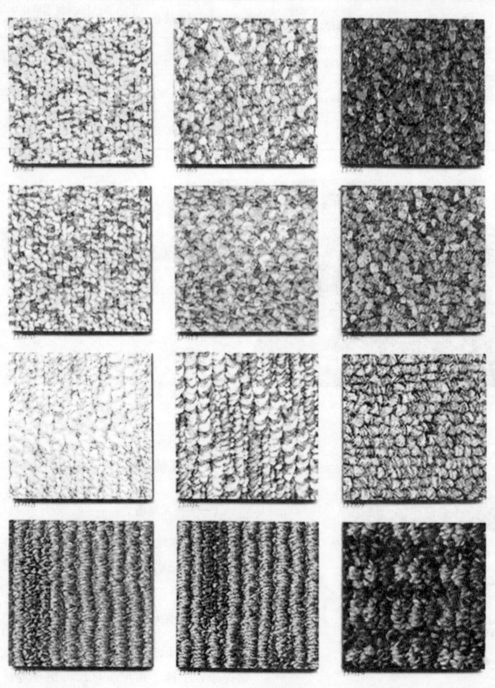

图3-27　各种地毯

2. 倒刺板

顺直,倒刺均匀,长度、角度符合设计要求。

3.胶粘剂

地毯的生产厂家一般会推荐或配套提供胶粘剂。如没有,可根据基层和地毯以及施工条件选用。所选胶粘剂必须通过试验确定其适用性和使用方法。污染物含量低于室内装饰装修材料胶粘剂中有害物质限量标准。

二、工艺流程

倒刺板卡条式固定方式施工工艺流程:

基层处理→弹线、套方、分格、定位→地毯剪裁→钉倒刺板挂毯条→铺设衬垫→铺设地毯→细部处理。

黏贴法固定方式施工工艺流程:

基层地面处理→实量放线→裁割地毯→割胶晾置→铺设滚压→清理、保护。

●操作工艺

1. 基层处理

把沾在基层上的浮浆、落地灰等用錾子或钢丝刷清理掉,再用扫帚将浮土清扫干净。如条件允许,用自流平水泥将地面找平为佳。

2. 弹线套方、分格定位

严格依照设计图纸对各个房间的铺设尺寸进行度量,检查房间的方正情况,并在地面弹出地毯的铺设基准线和分格定位线。活动地毯应根据地毯的尺寸,在房间内弹出定位网格线。

3. 地毯剪裁

根据放线定位的数据,剪裁出地毯,长度应比房间长度大20mm。(图3-28)

地毯剪裁的注意事项是:

(1)应量准房间实际尺寸,按房间长度加长2cm下料。地毯宽度应扣去地毯边缘后计算。根据计算的下料尺寸在地毯背面弹线。

(2)地毯的经线方向应与房间方向一致。

(3)木地板上铺地毯,应检查有无松动的木块及有无突出的钉头,必要时应作加固或更换。

(4)大面积地毯用裁边机裁割,小面积地毯用手握裁刀或手推裁刀裁割;不锋利的刀刃须及时更换,以保证切口平整。

(5)成卷地毯应在铺设前24h运到铺设现场,打开、展平,消除卷曲应力,以便铺

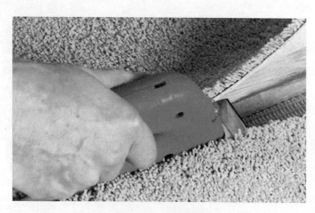

图3-28　地毯剪裁

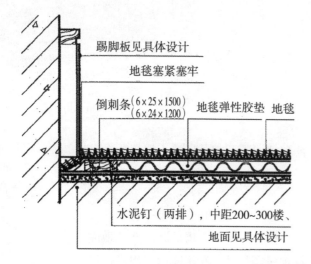

图3-29　地毯钉倒刺板条

图3-30　地毯铺设

设；准备好地毯垫层、以及足够的倒刺板、铝压条或铜条；准备好接缝带或其他接缝材料。

（6）裁好的地毯应立即编号，与铺设位置对应。

4.钉倒刺板条

沿房间四周踢脚边缘，将倒刺板条牢固钉在地面基层上，其间距约40cm左右，倒刺板条应距踢脚8~10mm。（图3-29）

地毯钉倒刺板条施工要点：

（1）沿墙边或柱边钉倒刺板，倒刺板离踢脚板8mm。

（2）钉倒刺板应用钢钉（水泥钉），相邻两个钉子的距离控制在30～40mm。

（3）大面积铺地毯，沿墙、柱钉双道倒刺板，两条倒刺板之间净距约2mm。

（4）钉倒刺板时应注意不损坏踢脚板，必要时可用薄钢板保护墙面。

5.铺衬垫

将衬垫采用点黏法黏在地面基层上，要离开倒刺板10mm左右。海绵衬垫应满铺平整，地毯拼缝处不露底衬。

6.铺设地毯

先将地毯的一条长边固定在倒刺板上，毛边掩到踢脚板下，用地毯撑子拉伸地毯，直到拉平为止；然后将另一端固定在另一边的倒刺板上，掩好毛边到踢脚板下。一个方向拉伸完，再进行另一个方向的拉伸，直到四个边都固定在倒刺板上。在边长较长的时候，应多人同时操作，拉伸完毕时应确保地毯的图案无扭曲变形。（图3-30）

铺活动地毯时应先在房间中间按照十字线铺设十字控制块，之后按照十字控制块向四周铺设。大面积铺贴时应分段、分部位铺贴。如设计有图案要求时，应按照设计图案弹出准确分格线，并做好标记，防止差错。

当地毯需要接长时，应采用缝合或烫带黏结（无衬垫时）的方式，缝合应在铺设前完成，烫带黏结应在铺设的过程中进行，接缝处应与周边无明显差异。

7.细部收口

地毯与其他地面材料交接处和门口等部位，应用收口条做收口处理。（图3-31）

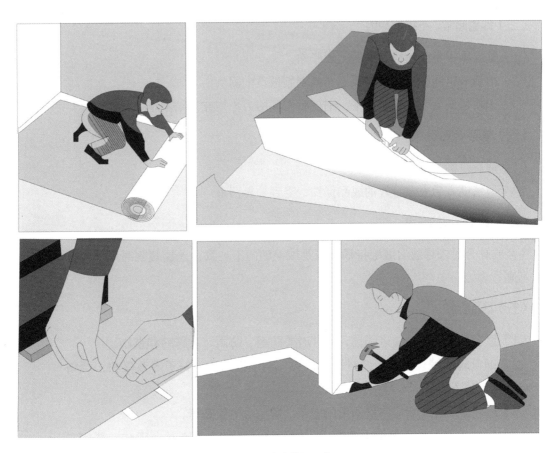

图3-31　地毯铺设及收口

三、质量标准

地毯验收标准备是：

（1）表面平整、洁净，无松弛、起鼓、裙皱、翘边等现象。

（2）接缝处应牢固、严密，无离缝，无明显接茬，无倒绒，颜色、光泽一致，无错花、错格现象。

（3）门口及其他收口处应收口顺直、严实。

（4）踢脚板下塞边严密、封口平整。

四、注意事项

（一）作业环境

（1）应连续进行，尽快完成。

（2）周边环境应干燥、无尘。

（3）室内已处于竣工交验结束。

（二）地毯起皱、不平的原因

（1）基层不平整或地毯受潮后出现胀缩。

（2）地毯未牢固固定在倒刺板上，或倒刺板不牢固。

（3）未将毯面完全拉伸至绷平，铺毯时两侧用力不均或黏结不牢。

（三）毯面不洁净

（1）铺设时刷胶将毯面污染。

（2）地毯铺完后来做有效的成品保护，受到外界污染。

（四）接缝明显的原因

缝合或黏合时未将毯面绒毛持顺，或是绒毛朝向不一致；地毯裁割时尺寸有偏差或不顺直。

（五）成品保护

（1）地毯进场应尽量随进随铺，库存时要防潮、防雨、防踩踏和重压。

（2）铺设时和铺设完毕应及时清理毯头、倒刺板条段、钉子等散落物，严格防止将其铺入毯下。

（3）地毯面层完工后应将房间关门上锁，避免受污染破坏。

（4）后续工程在地毯面层上需要上人时，必须带鞋套或者是专用鞋，严禁在地毯面上进行其他各种施工操作。

第四章　墙柱面装饰施工

　　建筑物墙面、柱面对建筑物起隔离、支撑作用，其装饰装修是建筑装饰中非常重要的部分。墙面、柱面装饰用材种类繁多，施工工艺差别相对较大。装饰材料主要有石材、木制板材、金属板材、玻璃、墙漆、壁纸软包等。

第一节　石材饰面施工工艺

一、石材饰面的基本概念及类型

　　石材饰面首先是对建筑物起到装饰美化的作用，其次是对建筑物土建部分起到保护作用。石材主要分为天然石材和人工石材（又名人造石）两大种类，石材是建筑装饰材料的高档产品，天然石材分为花岗岩、大理石、砂岩、石灰岩、火山岩等。随着科技的不断发展和进步，人造石的产品日新月异，质量和美观已经不逊色天然石材。石材早已经成为建筑装饰、道路、桥梁等建设工程的重要装饰材料之一。

二、主要施工机具

　　（1）电动机具

　　电动机具主要有：切割机、无齿锯、冲击电锤、手电钻、水平仪、石材钻孔机等。（图4-1）

　　（2）手动机具

　　手动机具主要有：抹子、扳手、锤子、螺丝刀、钳子、灰板、线坠、水平尺、卷尺等。（图4-2）

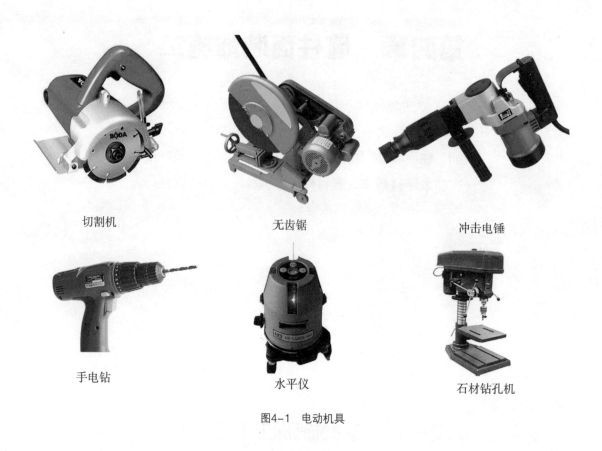

切割机　　　　　　　无齿锯　　　　　　　冲击电锤

手电钻　　　　　　　水平仪　　　　　　　石材钻孔机

图4-1　电动机具

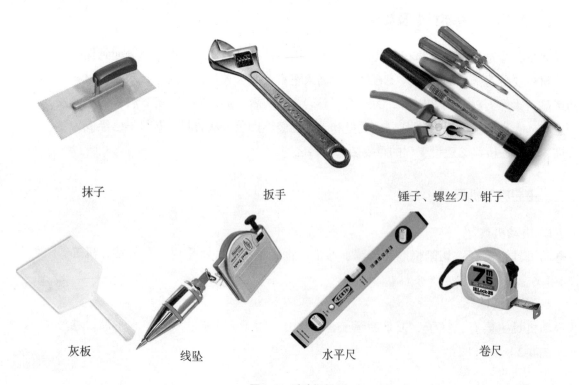

抹子　　　　　　　扳手　　　　　　锤子、螺丝刀、钳子

灰板　　　　线坠　　　　水平尺　　　　卷尺

图4-2　手动机具

三、石材饰面施工工艺

（一）大理石湿贴施工工艺

大理石的品种、规格、图案颜色和性能应符合设计要求。部分大理石如图4-3所示。

1. 直接黏贴固定法工艺流程

（1）基层处理

检查基层的垂直和平整度，偏差大的部位应进行处理，油污部位要清洗，光滑部位要凿毛或涂刷界面剂。要求基层具备足够的强度、刚度和稳定性，基层表面平整、粗糙、洁净。（图4-4）

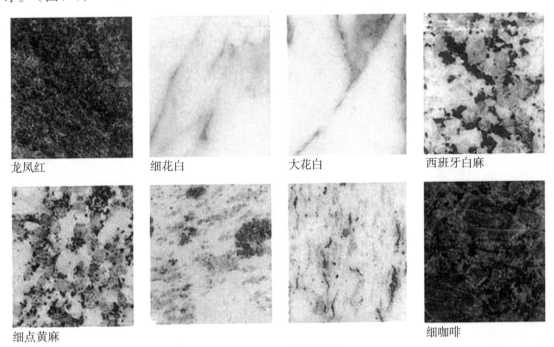

龙凤红　　　　　细花白　　　　　大花白　　　　　西班牙白麻

细点黄麻　　　　　　　　　　　　　　　　　　细咖啡

图4-3　不同规格的大理石

图4-4　水泥基层墙面处理

图4-5 水泥抹底灰

图4-6 弹线定位

图4-7 选材试铺

（2）抹底灰

抹灰前，在湿润的基层表面下先刷一道掺水15%的环保型建材胶水泥素浆，以利结合。抹底灰采用1：3水泥砂浆，厚度约12mm，分两遍操作，第一遍约5mm，第二遍约7mm，等底灰压实刮平之后，将底子灰表面划毛。（图4-5）

（3）弹线定位

按设计图纸及实际贴面的部位、石材规格尺寸，弹出水平及垂直控制线、分格线、分块线。首先将石材的墙面、柱面和门窗套找出垂直（高层应用经纬仪找垂直）。应考虑石材厚度、灌注砂浆的空隙和钢筋网所占尺寸，一般石材表面距结构面的厚度应以5～7cm为宜。找出垂直后，在地面顺墙弹出石材外廓尺寸线。此线即为第一层石材的安装基准线。弹线时应注意石材的接缝宽度。（图4-6）

（4）选材试铺

选择合格石材进行试铺，调整颜色花纹，定位编号，清理石材背面，按次序堆放，以便粘贴。（图4-7）

（5）镶贴块材

标出墙面的控制点，按放线弹出的最下一层石材板的下口标高，垫好固定直尺，并用铁水平尺检查无误，方可在直尺上开始粘贴第一排石材板。（图4-8）

室内抛光板饰面接缝处理应干接，接缝处宜用与饰面板同颜色的水泥浆填抹。室外抛光板接缝可干接或在水平缝中垫硬塑料板。垫硬塑料板时，应将压出部位保留，待黏结砂浆硬化后，将塑料板条剔出，用水泥细砂浆勾缝。对于干接，采用与饰面板相同颜色的水泥浆填抹。粗面板饰面接缝应采用水泥砂浆勾缝，勾缝深度应符合设计要求。（图4-9）

（6）饰面清洁保护

饰面工程完工后，表面应清洗干净。光面或镜面板材饰面，应清洗并晾干后，方可打蜡擦亮。（图4-10）

图4-8 镶贴块材

图4-9 石材拼缝处理

图4-10 石材饰面清洁保护

2. 锚固灌浆固定法工艺流程

（1）弹线定位

在立面基层上弹出垂直线及水平控制线，在地面弹出饰面外边缘线，作为第一块石材的基准线。对于较复杂的饰面拼花，应按大样图先在地面上摆摆石材，在墙柱面安装部位相对应进行预拼预排，确认合格后将石材逐一按顺序编号。（图4-11）

（2）绑扎钢筋网

在结构上的预埋钢筋环或其他金属锚固件上绑扎或焊接$\Phi 6 \sim \Phi 8$、间距为600~800mm的竖向钢筋、横向钢筋预饰面板连接孔网的位置一致。第一道横筋在第一层板材下口上面约100mm处，此后每道横筋均绑在比该层板上口底10~20mm处。钢筋网必须绑扎牢固，不得有颤动或弯曲。（图4-12）

（3）钻孔、剔槽

安装前先将大理石按照设计要求用台钻打眼，事先应钉木架使钻头直对石材上端面，在每块石材的上、下两个面打眼，孔位距石材背面以8mm为宜（指钻孔中心）。如大理石板材宽度较大时，可以增加孔数。钻孔后用金刚錾子把石板

图4-11 找水平线

图4-12 绑扎钢筋网

图4-13　石材钻孔、剔槽

背面的孔壁轻轻剔一道槽，深5mm左右，以备埋铜丝之用。把备好的铜丝或镀锌铅丝剪成长20cm左右，一端木楔黏环氧树脂将铜丝固定牢固，另一端将铜丝或镀锌铅丝顺孔槽弯曲并卧入槽内，使用大理石上、下端面没有铜丝或镀锌铅丝突出，以便和相邻石板接缝严密。（图4-13）

（4）板材固定

按部位取石板，将石板就位，石板上口外仰，右手伸入石板背面，把石板下口铜丝或镀锌铅丝绑扎在横筋上。绑时不要太紧可留余量，只要把铜丝或镀锌铅丝和横筋栓牢即可（灌浆后即可锚固），把石材竖起，便可绑大理石、花岗石板上口铜丝或镀锌铅丝，并用木楔垫稳，块材及基层间的缝隙（即灌浆厚度）一般为30~50mm。用靠尺板检查调整木楔，再栓紧铜丝或镀锌铅丝，依次向另一方进行。柱面可按顺时针方向安装，一般线从正面开始。第一层安装完毕再用靠尺板找垂直，水平尺找平整，方尺找阴阳角方正，在安装石板时发现石材规格不准确或石材之间的空隙不符，应用铅皮垫牢，使石板之间缝隙均匀一致，并保持第一层石板上口的平直。找完垂直、平整、方正后，调制熟石膏，把调成粥状的石膏贴在大理石上下之间，使这二层石板结成一整体，木楔处亦可黏贴石膏，再用靠尺板检查有无变形，等石膏硬化后方可灌浆（如设计有嵌缝塑料软管者，应在灌浆前塞放好）。（图4-14）

（5）灌浆操作

石膏凝固后，用1∶2水泥砂浆分层灌注，捣固密实。注意不要碰石材，边灌边用橡皮锤轻轻敲打石材面使灌入砂浆排气。第一层浇灌高度为15cm，不能超过石材高度的1/3；第一层灌浆很重要，因要锚固石材的下口铜丝又要固定石材，所以要轻轻操作，防止碰撞和猛灌。如发生石板外移错动，应立即拆除重新安装。第一次灌入15cm后停1~2小时，等砂浆初凝，此时应检查是否有移动，在进行第二层灌浆，灌浆高度一般为20~

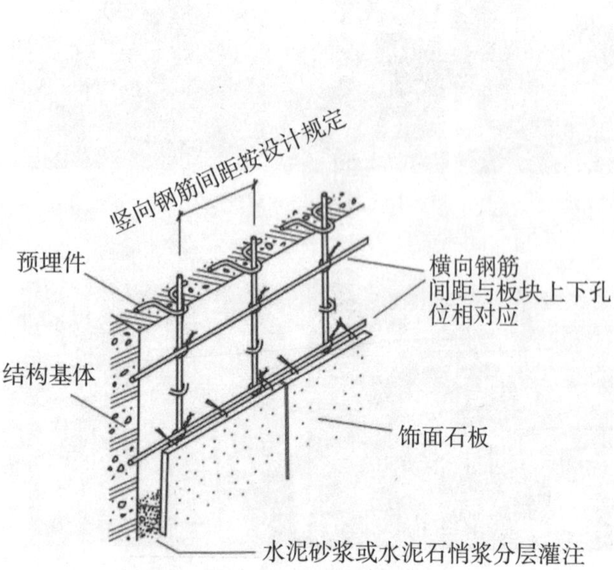

竖向钢筋间距按设计规定
预埋件
横向钢筋间距与板块上下孔位相对应
结构基体
饰面石板
水泥砂浆或水泥石悄浆分层灌注
图4-14　石材锚固灌浆工艺

30cm待初凝后再继续灌浆，直到离板材上口5~10cm为止，以此类推，镶贴完面层。每次灌注高度面是否平整，随时调整。（图4-15）

（6）板缝处理

干接的密缝宜用与石材颜色相同的水泥浆填抹，有一定宽度的离缝，在清楚临时填垫材料后用1：1水泥细浆勾缝，或按设计要求在板缝内垫无黏结胶带会填塞塑料发泡条，于缝隙打密封胶。（图4-16）

图4-15 灌浆操作

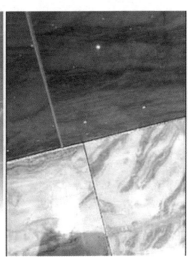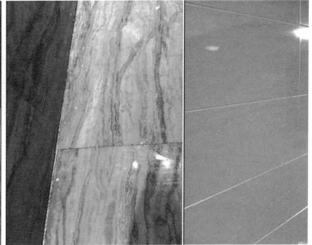

图4-16 板缝处理

3. 质量标准及验收

（1）主控项目

①大理石黏贴工程的找平、防水、黏结和勾缝材料及施工方法应符合设计要求及国家现行产品标准和工程技术标准的规定。检验方法：检查产品合格证书、复验报告和隐蔽工程验收记录。

②大理石粘贴必须牢固。检验方法：检查样板间黏结强度检测报告和施工记录。

③满黏法施工的大理石工程应无空鼓、裂缝。检验方法：观察，用小锤轻击检查。

（2）一般项目

大理石应表面平整、洁净、色泽一致、无裂痕和缺损。阴阳角处搭接合理、非整块大理石使用部位应符合设计要求。墙面突出物周围的大理石应整块套割吻合，边缘应整齐。墙裙、贴脸突出墙面的厚度应一致。大理石接缝应平直、光滑，填嵌应连续、密实；宽度和深度应符合设计要求。有排水要求的部位应做滴水线（槽），其宽度和深度应符合设计要求。

（二）墙面石材干挂施工工艺

1. 挑选石材

对石材要进行挑选，几何尺寸必须准确，颜色均匀一致，石粒均匀，背面平整，不能有缺棱、掉角、裂缝、隐伤等缺陷。部分石材如图4-17（a）、图4-17（b）所示。

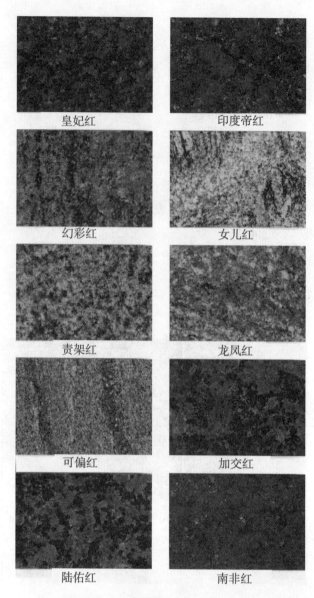

图4-17（a）　不同颜色的大理石（1）

图4-17（b）　不同颜色的大理石（2）

2. 主要挂件（图4-18）

名称	挂件图例	干挂形式	适用范围	名称	挂件图例	干挂形式	适用范围
T型			适用于小面积内外墙	SE型	S型 E型		适用于大面积内外墙
L型			适用于幕墙上下收口处	固定背栓			适用于大面积内外墙
Y型			适用于大面积外墙	可调挂件	R型 SE型 背栓		适用于高层大面积内外墙
R型			适用于大面积外墙				

图4-18　干挂石材幕墙主要挂件

3. 石材加工

石材必须用磨具进行钻孔，以保证钻孔位置准确，在石材背面刷不饱和树脂胶。石板在刷第一遍胶前，先把编号写在石板上，并将石板上的浮灰及杂物清除干净。（图4-19）

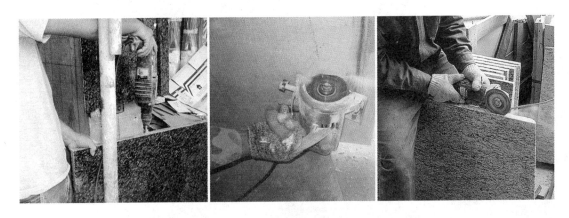

图4-19　石材钻孔

4.墙面分格线及安装骨架

骨架的位置弹线到柱体结构上，放线工作根据轴线及标高点进行。清理预做饰面石板的结构表面，同时进行结构套方，规矩，弹出垂直线和水平线，并根据设计图纸和实际需要弹出安装石板的位置线和分块线，然后挂线（根据设计图纸要求，石材安装前事先用经纬仪打出大角两个面的竖向控制线，最好弹在离大角20cm的位置上，以便随时检查垂直挂线的准确线，保证顺利安装，并在控制线的上下做出标记。（图4-20）

图4-20　墙体分格线及安装骨架

5.石板开槽钻孔

孔中心距板端80~100mm，孔深20~25mm，然后在相对于大理石板的墙面相应位置钻直径8~10mm的孔，将不锈钢膨胀螺栓一端插入孔中固定好，另一端挂好锚固件。（图4-21）

图4-21　开槽钻孔

6. 安装底层板

根据固定在墙上的不锈钢锚固件位置，安装底层石板。将石板孔槽和锚固件固定销对位安置好，然后利用锚固件上的长方形螺栓孔，调节大理石板平整、垂直度及缝隙。再用锚固件将石板固定牢固，并且用嵌固胶将锚固件填堵固定。（图4-22）

图4-22　安装底层板

7. 安装上行板

先往下一行板的插销孔内注入嵌固胶，擦净残余胶液后，将上一行石板按照安装底层板的方法就位。检查安装质量，符合设计及规范要求后进行固定（用设计规定的不锈钢螺栓固定角钢和平钢板。调整平钢板的位置，使平钢板的小孔正好与石板的插入孔对上，固定平钢板，用扳手拧紧）。（图4-23、图4-24）

图4-23　石材板安装

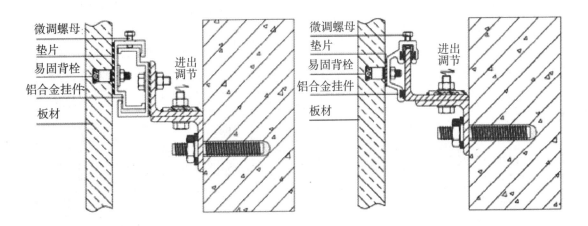

图4-24　大理石干挂工艺结构

8. 密封胶填缝

石材挂贴施工完毕后，进行表面清洁和清除缝隙中的灰尘。先用直径8~10mm的泡沫塑料条填实石板内侧，留5~6mm深的缝，在缝两侧的石板上，靠缝黏贴10~15mm宽的塑料胶带，以防止打胶嵌缝时污染面板。然后用打胶枪填满密封胶。如果发现密封胶污染板面，必须立即擦净。（图4-25）

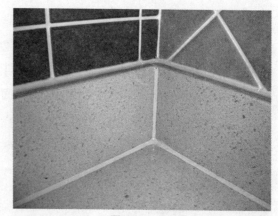

图4-25

9. 质量标准及验收

（1）主控项目

石材的品种、规格、图案颜色和性能应符合设计要求。大理石粘贴工程的找平、防水、黏结和勾缝材料及施工方法应符合设计要求，以及国家现行产品标准和工程技术标准的规定。大理石粘贴必须牢固。满粘法施工的大理石工程应无空鼓、裂缝。

（2）一般项目

大理石应表面平整、洁净、色泽一致、无裂痕和缺损。阴阳角处搭接方式、非整块大理石使用部位应符合设计要求。墙面突出物周围的大理石应整块套割吻合，边缘应整齐。墙裙、贴脸突出墙面的厚度应一致。大理石接缝应平直、光滑，填嵌应连续、密实；宽度和深度应符合设计要求。有排水要求的部位应做滴水线（槽），其宽度和深度应符合设计要求。检验方法：观察；用水平尺检查。（表4-1）。

表4-1　石材干挂允许偏差及其检验方法

项次	项目	允许编差mm							检验方法
		石材			瓷板	木材	塑料	金属	
		光面	剁斧石	蘑菇石					
1	立面垂直度	2	3	3	2	1.5	2	2	用2m垂直检测尺检查
2	表面平整度	2	3		1.5	1	3	3	用2m靠尺和塞尺检查
3	阴阳角方正	2	4	4	2	1.5	3	3	用直角检测尺检查
4	接缝直线度	2	4	4	2	1	1	1	拉5m线，不足5m拉通线用钢直尺检查
5	墙裙勒脚上口直线度	2	3	3	2	2	2	2	拉5m线，不足5m拉通线用钢直尺检查
6	接缝高低差	0.5	3		0.5	0.5	1	1	用钢直尺和塞尺检查
7	接缝宽度	1	2	2	1	1	1	1	用钢直尺检查

（三）饰面砖施工工艺

1.材料准备

（1）水泥（32.5或42.5级）

标号为32.5或42.5级矿渣水泥或普通硅酸盐水泥。应有出厂证明或复验合格证单。若出厂日期超过3个月而且水泥已结有小块的不得使用；白水泥应为32.5级以上，并符合设计和规范质量标准的要求。（图4-26）

图4-26 水泥

（2）砂子

中砂，粒径为0.35~0.5mm，黄色河砂，含泥量不大于3%，颗粒坚硬、干净，无有机杂质，用前过筛，其他应符合规范的质量标准。（图4-24）

图4-27 砂子

（3）饰面砖

饰面砖的表面应光洁、方正、平整质地坚固，其品种、规格、尺寸、色泽、图案应均匀一致，必须符合设计规定。不得有缺棱、掉角、暗痕和裂纹等缺陷。其性能指标均符合现行国家标准的规定，釉面砖的吸水率不得大于10%。（图4-28）

图4-28 饰面砖

（4）胶黏剂

材料必须符合环保要求，无污染。（图4-29）

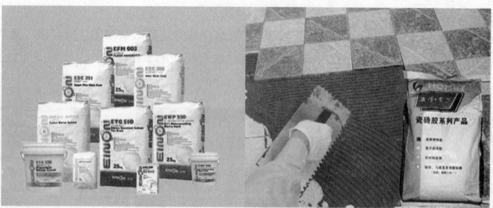

图4-29　胶黏剂

2. 施工工艺

（1）基层处理

饰面砖应镶贴在湿润、洁净的基层上，并应根据不同的基体进行处理。

①混凝土基体

当设计无明确要求时，可酌情选用下述三种方法中的一种进行基层处理：

a. 当混凝土表面凿毛后浇水湿润，刷一道聚合物水泥砂浆，抹上1:3水泥砂浆打底，分层分遍批抹厚度10mm，木抹子抹平成平面，隔日浇水养护。

b. 将1:1水泥细砂浆（可掺适量胶黏剂）甩或喷到混凝土基体表面作毛化处理，待其凝固后，用1:3水泥砂浆打底，木抹子抹平成平面，隔日浇水养护。

c. 采用混凝土界面处理剂处理基体表面，待表面干后，用1:3水泥砂浆打底，木抹子搓平成毛面，隔日浇水养护。（图4-30）

图4-30　基层处理

②砖墙面基体

检查墙的凹凸情况，对凸出墙面的砖或砂浆要剔平。将墙面上残留的废余砂浆、灰尘、污垢、油渍等清理干净，并提前一天浇水湿润。墙面分层分面抹1：3水泥砂浆底灰，厚度约12mm，吊直、刮平，打底灰要扫毛或画出纹道。24h后浇水护理。（图4-31）

图4-31　砖墙面基体处理

③加气混凝土墙或板基体

当设计无明确要求时，可酌情选用下述两种方法中的一种进行基面处理：

a. 用水湿润加气混凝土表面，修补缺棱掉角处。对缺棱掉角的墙板和板面接缝处高差较大时，可用1：3：9混合砂浆掺水20%的环保型建材胶水拌匀，分层抹平，每遍厚度宜在7～9mm左右。隔日刷聚合物水泥浆并抹1：1：6混合砂浆打底，木抹子搓平成毛面，隔日浇水养护。

b. 加水湿润加气混凝土表面，在缺棱掉角处刷聚合物水泥浆一道，用1：3：9混合砂浆分层补平，待干燥后，钉金属网一层并绷紧。在金属网上分层抹1：1：6混合砂浆打底，砂浆与金属网结合牢固，最后用木抹子轻轻搓平，隔日浇水养护。（图4-32）

图4-32　板基体墙

图4-33 板基体墙

（2）弹线分格

待基层灰六至七成干时，即可按图纸要求进行分段分格弹线，应弹垂直与水平控制线，一般竖线间距在1m左右，横线一般根据面砖规格尺寸每5~10块弹一水平控制线。同时亦可进行面层贴标准点（标准点是用废面砖粘贴在底层砂浆上，贴时将砖的棱角翘起，以棱角作为镶贴面砖表面平整的标准）的工作，以控制处墙尺寸及垂直、平整。（图4-33）

（3）排砖

根据大样图及墙面尺寸进行横竖向排砖，以保证砖缝隙均匀，符合设计图纸要求，注意大墙面要排整砖，以及在同一面墙上的横竖排列，均不得有一行以上的非整砖。非整砖行应排在次要部位，如窗间墙或阴角处等，但也要注意一致和对称。（图4-34）

图4-34 板基体墙

（4）垫底尺

根据计算好的最下一批砖的下口标高，垫放好尺板作为第一批下口的标准。底尺安放必须水平，摆实摆稳；底尺的垫点间距应在40cm以内。保证垫板要牢固。

（5）选砖、浸砖

先将瓷砖进行挑选将不合格的进行剔除，然后将瓷砖清理干净，放在净水中浸泡2h以上，直至不泛泡为止，取出待表面晾干或擦净待用。（图4-35）

图4-35　选砖、浸砖

（6）粘贴

同一立面应按设计要求挑选同一规格、型号、批号、颜色的面砖。用1:1水泥砂浆粘贴。粘贴时，先在两端最下皮控制瓷砖上口外表挂线，然后在瓷砖的背面批上3~4mm厚度的砂浆，由下而上紧靠底尺板表面贴，对准墙上所弹的垂线。贴上墙的瓷砖，用钢抹子木柄轻敲砖面，使瓷砖面附线平整，黏结牢固，亏灰时应取下重贴，并随时用靠尺保持平整度，同时保证缝隙宽窄一致。（图4-36）

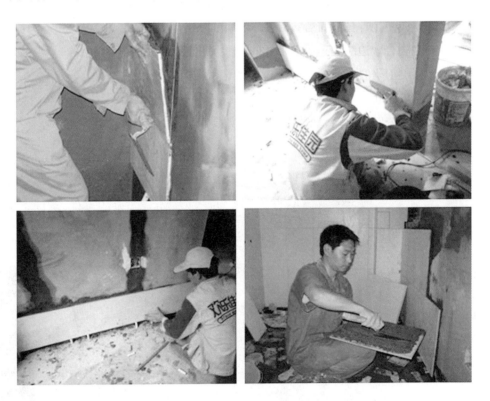

图4-36　铺砖工艺

（7）自检擦缝

瓷砖粘贴完毕，经自检无空鼓、不平、不直，应将瓷砖表面擦洗干净，然后把毛刷蘸同色水泥浆涂缝，用布将缝内素浆擦实，将砖面擦干净。（图4-37）。

3.质量标准及验收

（1）主控项目

①饰面砖的品种、规格、图案颜色和性能应符合设计要求。检验方法：观察；检查产品合格证书、进场验收记录、性能检测报告和复验报告。

②饰面砖粘贴工程的找平、防水、黏结和勾缝材料及施工方法应符合设计要求及国家现行产品标准和工程技术标准的规定。检验方法：检查产品合格证书、复验报告和隐蔽工程验收记录。

③饰面砖粘贴必须牢固。检验方法：检查样板间黏结强度检测报告和施工记录。

④满黏法施工的饰面砖工程应无空鼓、裂缝。检验方法：观察；用小锤轻击检查。

（2）一般项目

饰面砖表面应平整、洁净、色泽一致，无裂痕和缺损。阴阳角处搭接方式、非整砖使用部位应符合设计要求。墙面突出物周围的饰面砖应整砖套割吻合，边缘应整齐。墙裙、贴脸突出墙面的厚度应一致。饰面砖接缝应平直、光滑，填嵌应连续、密实；宽度和深度应符合设计要求。有排水要求的部位应做滴水线（槽）。滴水线（槽）应顺直，流水坡向应正确，坡度应符合设计要求。

检验方法：观察；用水平尺检查。

图4-37　擦缝、检测

第二节 木护墙板施工工艺

一、木护墙板的概念

护墙板又称壁板、墙裙。护墙装饰板是近年来发展起来的新型装饰墙体的材料，一般采用木材等为基材。护墙装饰板具有质轻、防火、防蛀、施工简便、造价适中、使用安全、装饰效果好、维护保养方便等优点。它可代替壁纸、墙砖等墙体饰面材料，因此使用十分广泛。木质护墙板在工程中的实际应用如图4-38所示。

图4-38 木质护墙板装饰效果

二、施工机具

1. 电动机具

电动机具主要有：电圆锯、无齿锯、冲击电锤、手枪钻、射齿枪、电焊机等。
（图4-39）

2. 手动机具

手动机具主要有：手锯、扳手、锤子、螺丝刀、钳子、拉铆枪、线坠、水平尺、手刨子
等。（图4-40）

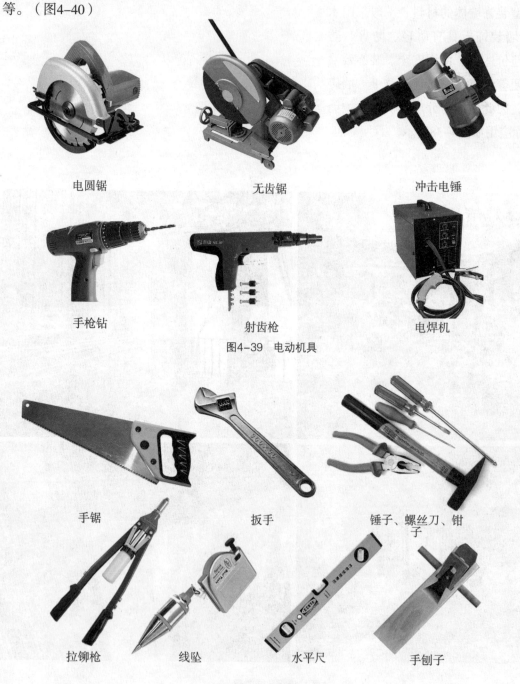

图4-39 电动机具

图4-40 手动机具

三、护墙板施工工艺

1. 材料要求

（1）木材的树种、材质等级、规格应符合设计要求及有关施工及验收规范。（图4-41）

（2）龙骨料一般用红、白松烘干料，含水率不大于12%，材质不得有腐朽、超断面1/3的节疤、壁裂、扭曲等疵病，并预先经防腐处理。（图4-42）

大芯板（细木工板）　　胶合板　　指接板

奥松板　　欧松板　　刨花板（中纤板）

图4-41　木质常用板材

图4-42　木龙骨材料

（3）面板一般采用胶合板（切片板或旋片板），厚度不小于3mm（也可采用其他贴面板材），颜色、花纹应尽量相似。用原木材做面板时，含水率不大于12%，板材厚度不小于15mm，要求拼接的板面、板材厚度不小于20mm，且要求纹理顺直、颜色均匀、花纹近似，不得有节疤、裂缝、扭曲、变色等瑕疵。（图4-43）

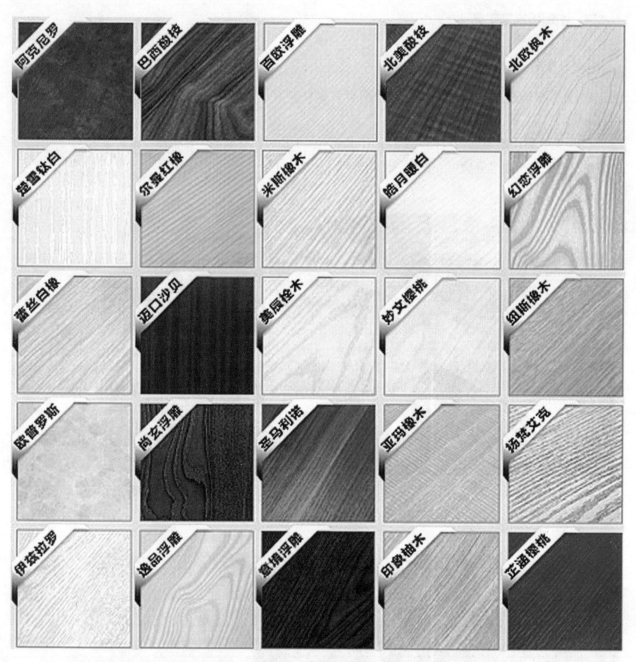

图4-43　面板木种材料

　　辅料：防潮卷材、油纸、油毡，也可用防潮涂料；胶黏剂、防腐剂、乳胶、氧化钠（纯度应在75%以上，不含游离佛化氢和石油沥青）；钉子，长度规格应是2~2.5倍，也可用射钉。

　　2. 施工工艺流程

　　（1）弹线

　　在制作木墙板之前，应按设计图纸尺寸在墙上弹出水平标高线，并确定中心线，以便确定墙面造型位置。（图4-44）

（2）打孔

在墙面标高控制线下侧10mm处打孔，在分档线上打孔，打入经过防腐处理的木楔，然后对墙面进行防潮、阻燃处理。（图4-45）

（3）龙骨安装

钉木龙骨时，按横龙骨间距400mm、竖龙骨间距600mm，将龙骨用圆钉固定在墙内木楔上，距离地面5mm处在竖龙骨底部钉垫木，垫木宽度与龙骨一致，厚度高3mm，横龙骨上打通气孔，每档至少一个。（图4-46）

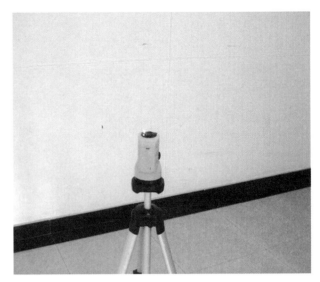

图4-44　弹线

图4-45　打孔

图4-46　龙骨安装

（4）饰面板安装

安装饰面板前应先按尺寸下料，将木龙骨外面刷胶，将墙板固定在木龙骨上，并用射钉加固。墙板接缝处必须在竖龙骨上，并用压条压缝。在木墙裙底部安装踢脚板，将踢脚板固定在垫木及墙板上，踢脚板高度150mm冒头用木线条固定在饰面板上。（图4-47）

（5）油漆

木墙裙安装后，应立即进行表面处理，涂刷油漆或喷漆，以防止其他工种污染面板。（图4-48）

四、质量标准及验收

制作木质护墙板的材料品种、材质等级、含水率和防腐措施，必须符合设计要求，并应符合下列规定：

（1）骨架料一般用红白松烘干料，含水率大于12%，厚度应根据设计要求，不得有腐朽、节疤、劈裂、扭曲等疵病，并预先经防腐处理。

（2）面板采用木饰面板，厚度3mm的夹板，颜色、花纹要尽量相似。用原木板材作面板时，同样采用烘干的实木，含水率不大于12%，不超过150mm宽时，板厚不小于15mm；需要拼接的面板，厚度不小于20mm，且要求纹理顺直、颜色均匀、花纹近似，不得有节疤、扭曲、裂缝、变色等疵病。

（3）辅料有防潮纸或油毡、乳胶、钉子（长应为面层厚的2~2.5倍）、木螺钉、木砂纸、防火涂料、防腐剂或石油沥青（一般采用10号、30号建筑石油沥青）等。

图4-47　饰面板安装

图4-48　护墙板油漆

第三节　涂料工程施工工艺

一、涂料工程的概念

涂料工程施工是指在被涂物表面涂敷一层装饰性或保护性涂料的整个过程。为获得坚固性的涂膜，涂料施工常包括底材表面处理、涂漆、固化和涂膜检验四个步骤。涂料在建筑装饰工程中的应用如图4-49所示。

图4-49　涂料工程效果

二、施工机具

1.电动机具

电动机具主要有：高压喷涂机、搅拌机、墙面打磨机等。（图4-50）

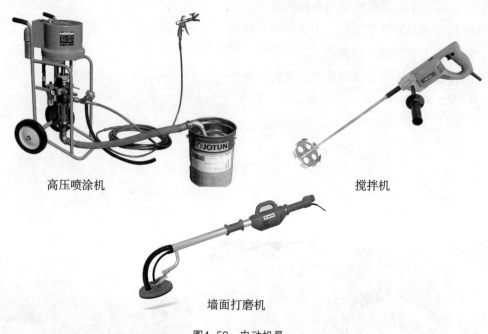

高压喷涂机　　　　　　　　　　搅拌机

墙面打磨机

图4-50　电动机具

2.手动机具

手动机具主要有：滚筒刷、刷子、橡胶刮板、抹子、砂纸、线锤等。（图4-51）

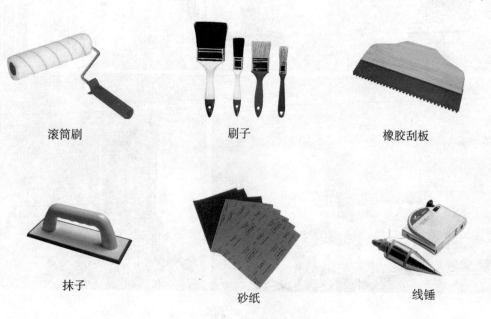

滚筒刷　　　　　　刷子　　　　　　橡胶刮板

抹子　　　　　　砂纸　　　　　　线锤

图4-51　手动机具

三、施工前的准备

（一）材料准备

涂料：光油、清油、铅油、混色油漆、漆片等。

填充料：石膏、大白、地板黄、红土子、黑烟子、纤维素等。

稀释剂：汽油、煤油、醇酸稀料、松香水、酒精等。

催干剂：催干剂等液体料。（图4-52）

图4-52　涂料

（二）作业条件

施工区域应有良好的通风设施，抹灰工程、地面工程、木工工程、水暖电气工程等全部完工。环境比较干燥，相对湿度不大于60%。需装饰木饰面的结构表面含水率不得大于10%。室内温度不低于10℃。先做样板间，经业主及监理公司检查鉴定合格后，方可组织班组进行大面积施工。施工前应对木门窗等材质及木饰面板外形进行检查，不合格者应更换。木制品含水率不大于10%。 操作前应认真进行工序交接工作，不符合规范要求的不准进行油漆施工。 施工前各种材料必须先报验，经业主及监理确认并进行封样后才能采购。已报验样品在大批量材料进场时必须经过业主及监理公司验收出具有关书面验收单后才能出库使用。

（三）施工前应注意的问题

1. 环境温度

水溶性和乳液型涂料施涂时的环境温度，应按产品说明书中要求的温度加以控制，一般要求施工环境的温度在10~35℃之间，最低温度不得低于5℃；冬季在室内进行涂料施工时，应当采取保温和采暖措施，室温要保持均衡，不得骤然变化。溶剂型涂料宜在5~35℃气温条件下施工，不能采取现场烘烤饰面的加温方式促使涂膜表干和固化。

2. 环境湿度

建筑涂料所适宜的施工环境相对湿度一般为60%~70%，在高湿度环境或者降雨天气不宜施工，如果用氯乙烯共聚乳液作地面罩面时，在湿度较大的情况下涂膜难以干燥。但是，若施工环境湿度过低，空气过于干燥，会使溶剂涂料挥发过快，水溶性和乳液型涂料干固得过快，会使涂层的结膜不够完全、固化不良，同样也不宜施工。

3. 太阳光照

一般不宜在阳光直接照射下进行建筑涂料施工，特别是夏季的强烈日光照射之下，会造成涂料的成膜不良而影响涂层质量。

4. 风力大小

在大风天气情况下不宜进行涂料涂饰施工，风力过大会加速涂料中的溶剂或水分的挥发，致使涂层的成膜不良并容易沾染灰尘而影响饰面的质量。

5. 污染性物质

汽车尾气及工业废气中的硫化氢、二氧化硫等物质，均具有较强的酸性，对建筑涂料的性能会造成不良影响；飞扬的尘埃也会污染未干透的涂层，影响涂层表面的美观。因此，涂饰施工中如果发觉特殊气味或施工环境的空气不够洁净时，应暂时停止操作或采取有效措施。

四、材料及工艺

（一）材料要求

油漆、填充料、催干剂、稀释剂等材料选用必须符合《民用建筑工程室内环境污染控制规范》（GB50325—2001—3·3·2）和《室内装饰装修材料溶剂型木器涂料中有害物质限量》（GB18581）要求，并具备有关国家环境检测机构出具的有关有害物质限量等级检测报告，应有使用说明、储存有效期和产品合格证，品种、颜色应符合设计要求。（图4-53）

（二）工艺要求

涂料的施工方法一般有喷、滚、弹、刷等几种。

1. 喷涂

喷涂是利用一定压力的高速气流将涂料带到所喷物表面，形成涂膜。其优点是涂膜外观质量好，工效高，适用于大面积施工。（图4-54）

喷涂效果与质量由喷嘴的直径大小 d、喷枪距墙的距离 s、工作压力 p 与喷枪移动速度 v 有关，是喷涂工艺的四要素。

喷涂时空气压缩机的压力，一般是控制在 $0.4\sim0.7$MPa，气泵的排气量不小于 $0.6\text{m}^2/\text{h}$。

图4-53　涂料

图4-54　喷涂工艺

喷嘴距喷涂面的距离，以喷涂后不流挂为准，一般400～600mm。喷嘴应与被涂面垂直且作平行移动，运行中速度保持一致。纵横方向做S形移动。当涂两个平面相交的墙角时，应将喷嘴对准墙角线。

喷嘴直径，可根据涂层表面效果选择。砂粒状涂层可用d=4.0~4.5mm的喷嘴；云母片状涂层用d=5.0~6.0mm的喷嘴；细粉状涂层用d=2.0~3.0mm的喷嘴；外罩薄料时选用d=1.0~2.0mm的喷嘴。

2. 滚涂

滚涂是指用海绵滚子、橡胶滚子或者羊毛滚子将涂料抹到基层上。滚子直径约40～45mm，滚涂时路线必须直上直下，以保证涂层厚薄一致、色泽一致。滚涂一般两遍成活。（图4-56）

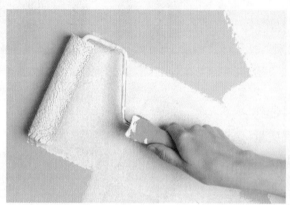

图4-55　滚涂工艺

3. 弹涂

用弹涂器分多遍将涂料弹涂在基层上，结成大小不同的点后，喷防水层一边，形成相互交错、相互衬托的一种饰面。弹涂必须先做样板，检验合格后方可大面积弹涂，每一遍弹浆应分多次弹匀。（图4-56）

图4-56　弹涂工艺

4. 刷涂

用刷子刷，操作时涂刷方向及行程长短应均匀一致。宜勤蘸短刷，不可反复。（图4-57）

图4-57　刷涂工艺

五、质量标准及验收

溶剂型涂料涂饰工程所选用涂料的品种型号和性能应符合设计要求。

检查方法：检查产品合格证、性能、环保检测报告和进场验收记录、民用建筑工程室内装饰中涂料必须有总挥发性有机化合物（TVOC）、苯、游离甲苯二异氰酸醋（TDL）（聚氨酯类）含量检测报告。溶剂型涂料工程的颜色、光泽应符合设计要求。溶剂型涂饰工程应涂刷均匀、黏结牢固，不得漏涂、透底、起皮和返锈。基层腻子应平整、坚实、牢固、无粉化、起皮和裂缝。

1. 主控项目

（1）水性涂料涂饰工程所用涂料的品种、型号和性能应符合设计要求。检验方法：检查产品合格证书、性能检测报告和进场验收记录。

（2）水性涂料涂饰工程的颜色、图案应符合设计要求。检验方法：观察。

（3）水性涂料涂饰工程应涂饰均匀、黏结牢固，不得漏涂、透底、起皮和掉粉。检验方法：观察；手摸检查。

（4）水性涂料涂饰工程的基层处理应符合要求检验方法：观察；手摸检查；检查施工记录。

2. 一般项目

（1）薄涂料的涂饰质量和检验方法应符合规定。

（2）厚涂料的涂饰质量和检验方法应符合规定。

（3）复合涂料的涂饰质量和检验方法应符合规定。

（4）涂层与其他装修材料和设备衔接处应吻合，界面应清晰。

第四节　裱糊饰面施工工艺

一、裱糊饰面概念

裱糊饰面是在建筑物内墙和顶棚表面粘贴纸张、塑料壁纸、玻璃纤维墙布、锦锻等制品的施工。是美化居住环境，满足使用的要求，并对墙体、顶棚起一定的保护作用。（图4-58）

图4-58　裱糊壁纸效果

二、壁纸材料

壁纸材料主要有：纯纸壁纸、PVC塑料壁纸、无纺布壁纸、织物壁纸、布基壁纸、金箔壁纸、硅藻壁纸、玻璃纤维壁纸和纸壁纸等。（图4-59）

三、施工机具

施工机具主要有：活梯、刮板、涂胶桌、涂胶刷、平整刷、擦缝刷、铅锤线、压边滚、桶、刮刀、抹布、卷尺、美工刀、铅笔、剪刀、尺子等。（图4-60）

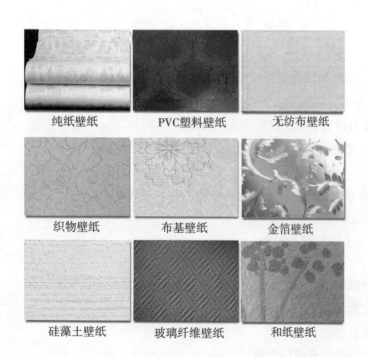

纯纸壁纸	PVC塑料壁纸	无纺布壁纸
织物壁纸	布基壁纸	金箔壁纸
硅藻土壁纸	玻璃纤维壁纸	和纸壁纸

图4-59　壁纸种类

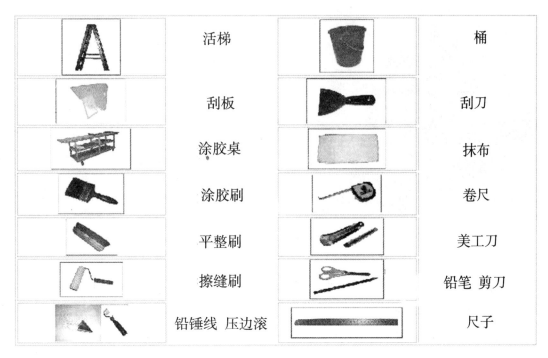

	活梯		桶
	刮板		刮刀
	涂胶桌		抹布
	涂胶刷		卷尺
	平整刷		美工刀
	擦缝刷		铅笔 剪刀
	铅锤线 压边滚		尺子

图4-60 施工机具

四、施工工艺

1. 基层弹线

为了使裱糊饰面壁纸横平竖直，图案端正，装饰美观，每个墙面第一幅壁纸墙布都要挂垂线找直，作为裱糊施工的基准线，自第二幅开始，可先上端后下端对缝一次裱糊，以保证裱糊饰面分幅一致，并防止累积歪斜。

对于图案形式鲜明的壁纸墙布，为保证做到整体墙面图案对称，应在窗口横向中心部位弹好中心线，由中心线再向两边弹分格线；如果窗口不在中间位置，为保证窗间墙的阳角处图案对称，可在窗间墙弹中心线，然后由此中心线向两侧分幅弹线。对于无窗口的墙面，可以选择一个距离窗口墙面较近的阴角，在距壁纸墙布幅宽50mm处弹垂线。

对于壁纸墙布裱糊墙面的顶部边缘，如果墙面有挂镜线或天花阴角装饰线时，即以此类线脚的下缘水平线为准，作为裱糊饰面上部的收口；如无此类顶部收口装饰，则应弹出水平线以控制壁纸墙布饰面的水平度。

2. 壁纸与墙布处理

墙面或顶棚的大面裱糊工程，原则上应采用整幅裱糊。对于细部及其他非整幅部位需要进行裁割时，要根据材料的规格及裱糊面的尺寸统筹规划，并按裱糊顺序进行分幅编号。壁纸墙布的上下端各自留出50mm的修剪余量；对于花纹图案较为明显的壁纸墙布，要事先明确裱糊后的花纹效果及其图案特征，应根据花纹图案和产品的边部情况，确定采用

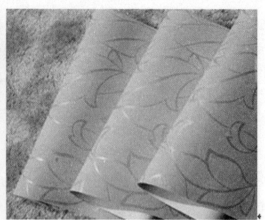

图4-61 壁纸裁割

对口拼缝或是搭口裁割拼缝的具体拼接方式，应保证对接准确无误。裁割下刀前，还应再认真检查有无差错；裁割后的材料边缘应平直整齐，不得有飞边毛刺。下料后的壁纸墙布应编号卷起平放，不能竖立，以免产生皱褶。（图4-61）

浸水润纸对于裱糊壁纸的事先湿润，传统称为"闷水"，这是针对纸胎的塑料壁纸的施工工序，对于玻璃纤维基材及无纺贴墙布类材料，遇水后无伸缩变形，所以不需要进行湿润；而复合纸质壁纸则严禁进行闷水处理。

聚氯乙烯塑料壁纸遇水或胶液浸湿后即膨胀，需要5~10分钟胀足，干燥后又自行收缩，掌握和利用这一特征是保证塑料壁纸裱糊质量的重要环节。如果将未浸润处理的此类壁纸直接上墙裱贴，由于壁纸虽然被胶固定但其继续稀释膨胀，因而裱糊饰面就会出现难以消除的大量气泡、皱褶，不能满足裱糊质量要求。

闷水处理的一般做法是将塑料壁纸置于水槽之中浸泡2~3分钟，取出后抖掉多余的水，再静置10~20分钟，然后再进行裱糊操作。

金属壁纸在裱糊之前也需要进行适当的润纸处理，但闷水时间应当短些，即将其浸入水槽中1~2分钟取出，抖掉多余的水，再静置5~8分钟，然后再进行裱糊工作。

复合纸质壁纸湿润后的强度较差，严禁进行裱糊前的浸湿处理。为达到软化此类壁纸以利于裱糊的目的，可在壁纸背面均匀涂刷胶黏剂，然后将其胶面对胶面自然对折静置5~8分钟，即可上墙裱糊。

带背胶的壁纸，应在水槽中浸泡数分钟后取出，并由底部开始图案朝外卷成一卷，待静置1分钟后，便可进行裱糊。

纺织纤维壁纸不能在水中浸泡，可先用洁净的湿布在其背面稍做擦拭，然后即可进行裱糊操作。

3. 涂刷胶黏剂

壁纸墙布裱糊胶黏剂的涂刷，应当做到薄而均，不得漏刷；墙面阴角部位应增刷胶黏剂1~2遍。对于自带背胶的壁纸，则无需再涂刷胶黏剂。根据壁纸墙布的品种特点，胶黏剂的施涂分为：在壁纸墙布的背面涂胶、在被裱糊的基层上涂胶以及在壁纸墙布背面和基层上同时涂胶。基层表面的涂胶宽度，要比壁纸墙布宽出20~30mm；胶黏剂不要施涂过厚而裹边或起堆，以防裱贴时胶液溢出太多而污染裱糊饰面，但也不可施涂太少，施涂不均匀会造成裱糊面起泡、脱壳、黏结不牢。相关品种的壁纸墙布背面涂胶后，宜将其胶面自然堆叠（金属壁纸除外），使之正、背面分别相靠平放，可以避免胶液过快干燥而造成图案面污染，同时也便于拿起上墙进行裱糊。（图4-62）

图4-62 涂刷胶黏剂

聚氯乙烯塑料壁纸用于墙面裱糊时，其背面可以不涂胶黏剂，只在被裱糊基层上施涂胶黏剂。当塑料壁纸裱糊于顶棚时，基层和壁纸背面均应涂刷胶黏剂。

纺织纤维壁纸、化纤贴墙布等品种，为了增强其裱贴黏结能力，材料背面及装饰基层均应涂刷胶黏剂。复合纸基壁纸于纸背涂胶进行静置软化后，裱糊时其基层也应涂刷胶粘剂。

玻璃纤维墙布和无纺贴墙布，要求选用胶黏强度较高的胶黏剂，只需将胶黏剂涂刷于裱贴面基层上，而不必同时也在布的背面涂刷。这是因为玻璃纤维墙布和无纺贴墙布的基材分别是玻璃纤维和合成纤维，本身吸水极少，又有细小空隙，如果在其背面涂胶会使胶液浸透表面而影响饰面美观。

金属壁纸脆而薄，在其纸背涂胶黏剂之前，应准备一卷未开封的发泡壁纸或一个长度大于金属壁纸的圆筒，然后一边在已经浸水后阴干的金属壁纸背面涂胶，一边将刷过的部分向上卷在发泡壁纸卷或圆筒上。

锦缎涂刷胶黏剂时，由于材质过于柔软，传统的做法是先在其背面衬糊一层宣纸，使其略挺韧平整，而后在其基层上涂刷胶黏剂进行裱糊。

4.裱糊

裱糊的基本顺序：先垂直面，后水平面；先细部，后大面；先保证垂直，后对花拼缝；垂直面先向上后向下，先长墙面，后短墙面；水平面是先高后低。裱糊饰面的大面，尤其是装饰的显著部位，应尽可能采用整幅壁纸墙布，不足整幅者，应裱贴在光线较暗或不明显处。与顶棚阴角线、挂镜线、门窗装饰包框等线角或装饰构件交接处，均应衔接紧密，不得出现亏纸而留下残余缝隙。（图4-63）

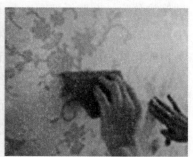

图4-63　裱糊

根据分幅弹线和壁纸墙布裱糊顺序编号，从距离窗口处较近的一个阴角部位开始，依次到另一个阴角收口，如此顺序裱糊，其优点是不会在接缝处出现阴影，而方便操作。

无图案的壁纸墙布接缝处可采搭接法裱糊。相连的两幅在拼连处，后贴的一幅搭压前一幅，重叠30mm左右，再用钢尺或合金铝尺与裁纸刀在搭接重叠范围的中间将两层壁纸墙布割透，随即把切掉的多余小条扯下。然后用刮板从上向下均匀赶胶，排除气泡，并及时用洁净的湿布或海绵擦除溢出的胶液。对于质地较厚的壁纸墙布，需用进行压赶平。但应注意，发泡壁纸及复合壁纸不得采用刮板或统一类的工具进行赶压，宜用毛巾、海绵或毛刷进行压敷，避免把花型赶平或是使裱糊饰面出现死褶。

对于有图案的壁纸墙布，为确保图案的完整性及其整体的完整性，裱糊时可采用拼接法。先对花，后拼缝，从上至下图案吻合后，用刮板斜向刮平，将拼缝处赶压密实拼缝处挤出的胶液，及时用洁净的湿毛巾或海绵擦掉。

对于需要重叠对花的壁纸墙布，可将相邻两幅对花搭叠，待胶黏剂干燥到一定程度时（约为裱糊后20～30分钟）用钢尺或其他工具在重叠处拍实，用刀从重叠搭口中间至上而下切断，随即除去切下的余纸并用橡胶刮板将拼缝处刮压严密平实，注意用刀切割时下力要匀，应一次直落，避免出现刀痕或拼接处起丝。

为了防止在使用时由于被碰、划而造成壁纸墙布开胶，裱糊时不可在阳角处甩缝，应包过阳角不小于20mm。阳角处搭接时，应先裱糊压在里面的壁纸或墙布，再裱贴搭在上面者，一般搭接宽度为20～30mm。与顶棚交接（或与挂镜线及天花阴角线条交接）处应划出印痕，然后用刀、剪修齐，或用轮刀切齐；以同样的方法修齐下端与踢脚板或墙裙等的衔接收口处边缘。

遇有基层卸不下的设备或附件，裱糊时可在壁纸墙布上剪口。方法是将壁纸或墙布轻糊于裱贴面凸出物件上，找到中心点，从中心点往外呈放射状剪裁（即所谓"星形剪切"），再使壁纸墙布舒平，用笔描出物件的外轮廓线，轻手拉起多余的壁纸墙布，剪去不需要的部分，如此沿轮廓线套割贴严，不留缝隙。

顶棚时先在顶棚与墙壁交接处弹一道粉线，先裱糊靠近主窗的部位。基层涂胶后，将已刷好胶并保持折叠状态的壁纸墙布拖起，展开其顶褶部分，边缘靠齐粉线，先敷平一段，然后沿粉线铺平其他部分，直至整幅贴牢。按此顺序完成顶棚裱糊，分幅赶平铺实，剪除多余部分并修齐各处边缘及衔接部位。

五、质量标准及验收

1. 主控项目

壁纸、墙布的种类、规格、图案、颜色和燃烧性能等级必须符合设计要求及国家现行的有关规定。（图4-64）

裱糊工程基层处理质量应符合要求。裱糊后各幅拼接应横平竖直，拼接处花纹、图案应吻合，不离缝，不搭接，不显拼缝。壁纸、墙布应粘贴牢固，不得有漏贴、补贴、脱层、空鼓和翘边。

2. 一般项目

裱糊后的壁纸、墙布表面应平整，色泽应一致，不得有波纹起伏、气泡、裂缝、皱褶及污斑，斜视时应无胶痕。复合压花壁纸的压痕及发泡壁纸的发泡层应无损伤。壁纸、墙布与各种装饰线、设备线盒应交接严密。壁纸、墙布边缘应平直整齐，不得有纸毛、飞刺。壁纸、墙布阴角处搭接应顺光，阳角处应无接缝。

图4-64　壁纸

第五节　软包墙面施工工艺

软包墙面是现代室内墙面装修常用做法，它具有吸音、保温、防碰伤、质感舒适、美观大方等特点，特别适用于有吸音要求的会议厅、会议室、多功能厅、娱乐厅、消声室、住宅起居室、儿童卧室等处。

软包墙面基本上分两类。一类是无吸声层软包墙面，一类是有吸声层软包墙面。前者适用于防碰伤及吸声要求不高的房间，后者适用于吸声要求较高的房间。（图4-65）

图4-65　软包墙面

一、施工前的准备

熟悉施工图纸，依据技术交底和安全交底做好施工准备。软包面料、内衬材料和边框的材质、颜色、图案等以及木材的含水率，均应符合设计要求及国家现行标准的有关规定。软包墙面所用的填充材料、纺织面料和龙骨、木质基层等，均应进行防火处理。 软包工程的安装位置及构造做法，应符合设计要求。基层墙面有防潮要求时，应均匀涂刷一层清漆或满铺油纸（沥青纸），不得采用沥青油毡作为防潮层。木龙骨宜采用凹榫工艺进行预制，可整体或分片安装，与墙体连接紧密、牢固。

填充材料的制作尺寸应正确，棱角应方正，牢固安装时应与木基层衬板黏结紧密。

织物面料裁剪时，应经纬顺直。安装时应紧贴基面，接缝应严密，无凹凸不平，花纹应吻合，无波纹起伏、翘边和褶皱，表面应清洁。

软包饰面与压线条、贴脸板、踢脚线、电气盒等交接处，应严密、顺直、无毛边。电气盒盖等开洞处，套割尺寸应准确。

单块软包面料不应有接缝，四周应绷压严密。

（一）作业条件

混凝土和墙面抹灰完成，基层已按设计要求埋入木砖或木筋，水泥砂浆找平层已抹完并刷冷底子油。

水电及设备，顶墙上预留预埋件已完成。

房间的吊顶分项工程基本完成，并符合设计要求。

房间里的地面分项工程基本完成，并符合设计要求。

对施工人员进行技术交底时，应强调技术措施和质量要求。

调整基层并进行检查，要求基层平整、牢固，垂直度、平整度均符合细木制作验收规范。

（二）施工前应注意的问题

切割填塞料海绵时，为避免海绵边缘出现锯齿形，可用较大铲刀及锋利刀沿 海绵边缘切下，以保整齐。

在黏结填塞料海绵时，避免用含腐蚀成分的黏结剂，以免腐蚀海绵，造成海绵厚度减少，底部发硬，以至于软包不饱满，所以黏结海绵时应采用中性或其他不含腐蚀成分的胶黏剂。

面料裁割及黏结时，应注意花纹走向，避免花纹错乱影响美观。

软包制作好后用黏结剂或直钉将软包固定在墙面上，水平度、垂直度达到规范要求，阴阳角应进行对角。

二、施工流程及工艺

（一）施工流程

墙内预留防腐木砖→中级抹灰→涂防潮层→钉木龙骨→墙面软包。

（二）施工工艺

1. 基层处理

人造革软包，要求基层牢固，构造合理。如果是将它直接装设于建筑墙体及柱体表面，为防止墙体柱体的潮气使其基面板底翘曲变形而影响装饰质量，要求基层做抹灰和防潮处理。通常的做法是采用1∶3的水泥砂浆抹灰做至20mm厚，然后刷涂冷底子油一道，并做一毡二油防潮层。（图4-66）

图4-66　墙面防潮处理

图4-67　木龙骨及墙板安装

图4-68　成卷铺装法

2. 木龙骨及墙板安装

当在建筑墙柱面做皮革或人造革装饰时，应采用墙筋木龙骨，墙筋龙骨一般为（20~50）mm×（40~50）mm截面的木方条，钉于墙、柱体的预埋木砖或预埋的木楔上，木砖或木楔的间距，与墙筋的排布尺寸一致，一般为400~600mm间距，按设计图纸的要求进行分格或平面造型形式进行划分。常见形式为450~450mm见方划分。固定好墙筋之后，即铺钉夹板做基面板；然后以人造革包填塞材料覆于基面板之上，采用钉将其固定于墙筋位置；最后以电化铝帽头钉按分格或其他形式的划分尺寸进行钉固。也可同时采用压条，压条的材料可用不锈钢、铜或木条，既方便施工，又可使其立面造型丰富。（图4-67）

3. 面层固定

皮革和人造革饰面的铺钉方法，主要有成卷铺装和分块固定两种形式。此外尚有压条法、平铺泡钉压角法等，由设计而定。

（1）成卷铺装法

由于人造革材料可成卷供应，当较大面积施工时，可进行成卷铺装。但需注意，人造革卷材的幅面宽度应大于横向木筋中距60mm左右；并保证基面夹板的接缝须置于墙筋上。（图4-68）

（2）分块固定法

这种做法是先将皮革或人造革与夹板按设计要求分格，划块进行预裁，然后一并固定于木筋上。安装时，以木夹板压住皮革或人造革面层，压边20~30mm，用圆钉钉于木筋上，然后将皮革或人造革与木夹板之间填入衬垫材料进而包覆固定。须注意的操作要点是：首先，必须保证夹板的接缝位于墙筋中线；其次，夹板的另一端不压皮革或人造革而是直接钉于木筋上；再次，皮革或人造革剪裁时必须大于装饰分格划块尺寸，并足以在下一个墙筋上剩余20~30mm的料头。如此，第二块夹板又可包覆第二片革面压于其上进而固定，照此类推完成整个软包面。这种做法，多

用于酒吧台、服务台等部位的装饰。（图4-69）

三、质量标准及验收

1. 主控项目

软包的面料、内衬材料及边框的材质、颜色、图案、燃烧性能等级和木材的含水率应符合设计要求及国家现行标准的有关规定。

软包工程的安装位置及构造做法应符合设计要求。

软包工程的龙骨、衬板、边框应安装牢固，无翘曲，拼缝应平直。

单块软包面料不应有接缝，四周应绷压严密。

2. 一般项目

软包工程表面应平整、洁净，无凹凸不平及褶皱；图案应清晰、无色差，整体应协调美观。

软包边框应平整、顺直、接缝吻合。其表面涂饰质量应符合本规范涂饰的相关规定。

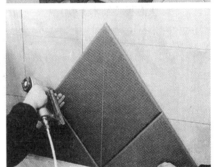

图4-69 分块固定

第六节 室内轻质隔墙与隔断施工工艺

一、立筋式隔墙与隔断施工工艺

● 木龙骨隔墙

（一）材料要求

罩面板应表面平整、边缘整齐，不应有污垢、裂纹、缺角、翘曲、起皮、色差、图案不完整等缺陷。胶合板、木质纤维板不应脱胶、变色和腐朽。（图4-70）

龙骨和罩面板材料的材质均应符合现行国家标准和行业标准的规定。

罩面板的安装宜使用镀锌的螺丝、钉子。接触砖石、混凝土的木龙骨和预埋的木砖应做防腐处理。所有木材都应做好防火处理。（图4-71）

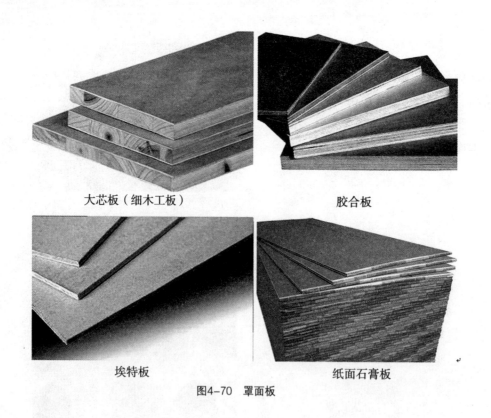

大芯板（细木工板）　　　　胶合板

埃特板　　　　纸面石膏板

图4-70 罩面板

（二）施工前的准备

1. 作业条件

木龙骨板材隔断工程所用的材料品种、规格、颜色以及隔断的构造、固定方法，均应符合设计要求。

图4-71　木龙骨材料

隔断的龙骨和罩面板必须完好，不得有损坏、变形弯折、翘曲、边角缺损等现象；并要注意被碰撞和受潮。

电气配件的安装，应嵌装牢固，表面应与罩面板的底面齐平。

门窗框与隔断相接处应符合设计要求。

隔断的下端如用木踢脚板覆盖，隔断的罩面板下端应离地面20~30mm；如用大理石、水磨石踢脚时，罩面板下端应与踢脚板上口齐平，接缝要严密。

做好隐蔽工程和施工记录。

2. 施工中应注意的问题

隔墙木骨架及罩面板安装时，应注意保护顶棚内装好的各种管线，木骨架的吊杆。

施工部位把安装的门窗，已施工完的地面、墙面、窗台等应注意保护、防止损坏。

木骨架材料，特别是罩面板材料，在进场、存放、使用过程中应妥善管理，便其不变形、不受潮、不损坏、不污染。

（三）施工流程及工艺

1. 施工流程

基层清理→定位放线→铺设墙垫（设计有要求时）→安装沿顶龙骨和沿地龙骨→安装竖向龙骨→安装横向龙骨→安装通贯龙骨（采用通贯龙骨系列时）、横撑龙骨、水电管线→安装门窗洞口部位的横撑龙骨→各洞口的龙骨加强及附加龙骨安装→检查骨架安装质量，并调整校正→安装墙体罩面板→板面钻孔安装管线固定件→安装填充材料→安装另一侧罩面板→接缝处理→墙面装饰。

2. 施工工艺

（1）弹线、钻孔

在需要固定木隔墙的地面和建筑墙面上弹出隔墙的边缘线和中心线，画出固定点的位置，间距300~400mm，打孔深度在45mm左右，用膨胀螺栓固定。如用木楔固定，则孔深应不小于50mm。（图4-72）

（2）木骨架安装

木骨架的固定通常是在沿墙、沿地和沿顶面处。对隔断来说，主要是靠地面和端头的建筑墙面固定。如端头无法固定，常用铁杆来加固端头，加固部位主要是在地面与竖木方之间。对于木隔断墙的门框竖向木方，均应用铁件加固，否则会使木隔墙颤动、门框松动以及木隔墙松动。

图4-72　弹线、钻孔

如果隔墙的顶端不是建筑结构，而是吊顶，处理方法根据不同情况而定。对于无门隔墙，只需相接缝隙小，平直即可；对于有门的隔墙，考虑到振动和碰动，所以顶端必须加固，即隔墙的竖向龙骨应穿过吊顶面，再与建筑物的顶面进行固定。

木隔墙中的门框是以门洞两侧的竖向木方为基体，配以挡位框、饰边板或饰边线条组合而成；大木方骨架隔墙门洞竖向木方较大，其挡位框可直接固定在竖向木方上；小木方双层构架的隔墙，因其木方小，应先在门洞内侧钉上厚夹板或实木板之后，再固定挡位框。

木隔墙中的窗框是在制作时预留的，然后用木夹板和木线条进行压边定位；隔断墙的窗也分固定窗和活动窗，固定窗是用木压条把玻璃板固定在窗框中，活动窗与普通活动窗一样。（图4-73）

图4-73　木龙骨安装

（3）饰面板安装

墙面木板的安装方式主要有明缝固定方式。明缝固定是在两板之间留一条有一定宽度的缝，图纸无规定时，缝宽以8~10mm为宜；明缝如不加垫板，则应将木龙骨面刨光，明缝的上下宽度应一致，锯割木夹板时，应用靠尺来保证锯口的平直度与尺寸的准确性，并用砂纸修边。拼缝固定时，要对木夹板正面四边进行倒角处理，以使板缝平整。（图4-74）

图4-74 饰面板安装

（四）质量标准及验收

1. 主控项目

骨架木材和罩面板材质、品种、规格、式样应符合设计要求和施工规范的规定。

木骨架必须安装牢固，无松动，位置正确。

罩面板无脱层、翘曲、折裂、缺棱掉角等缺陷，安装必须牢固。

2. 一般项目

木骨架应顺直，无弯曲、变形和劈裂。

罩面板表面应平整、洁净，无污染、麻点、锤印，颜色一致。

罩面板之间的缝隙或压条，宽窄应一致，整齐、平直、压条与板接缝严密。

●轻钢龙骨隔墙

（一）施工前的准备工作

1. 材料准备

各类龙骨、配件和罩面板材料以及胶黏剂的材质均应符合现行国家标准和行业标准的规定。当装饰材料进场检验，发现不符合设计要求及室内环保污染控制规范的有关规定时，严禁使用。人造板必须有游离甲醛含量或游离甲醛释放量检测报告。如人造板面积大于500m²时（民用建筑工程室内）应对不同产品分别进行复检。如使用水性胶黏剂必须有TVOC和甲醛检测报告。

轻钢龙骨主件：沿顶龙骨、沿地龙骨、加强龙骨、竖向龙骨、横撑龙骨等，都应符合设计要求和有关规定的标准。

轻钢龙骨骨架配件：支撑卡、卡托、角托、连接件、固定件、护墙龙骨和压条等附件，都应符合设计要求。

紧固材料：拉锚钉、膨胀螺栓、镀锌自攻螺丝、木螺丝和粘贴嵌缝材等，都应符合设计要求。（图4-75）

　　罩面板应表面平整、边缘整齐，不应有污垢、裂纹、缺角、翘曲、起皮、色差、图案不完整等缺陷。胶合板、木质纤维板不应脱胶、变色和腐朽。（图4-76）

　　填充隔声材料：玻璃棉、岩棉等，都应符合设计要求选用。（图4-77）

　　通常隔墙使用的轻钢龙骨为C型隔墙龙骨，其中分为三个系列，经与轻质板材组合即可组成隔断墙体。C型装配式龙骨系列：C50系列可用于层高3.5m以下的隔墙；C75系列可用于层高3.5~6m的隔墙；C100系列可用于层高6m以上的隔墙。（图4-78）。

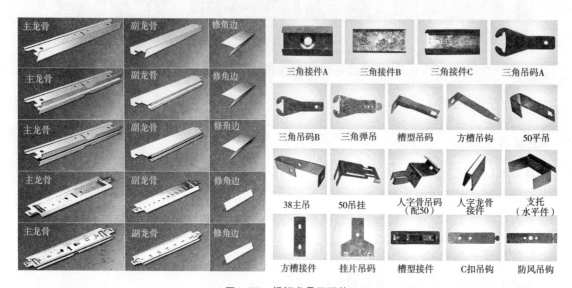

图4-75　轻钢龙骨及配件

图4-76　罩面板

玻璃棉　　　　　　　　玻璃棉　　　　　　　　岩棉

图4-77　隔音材料

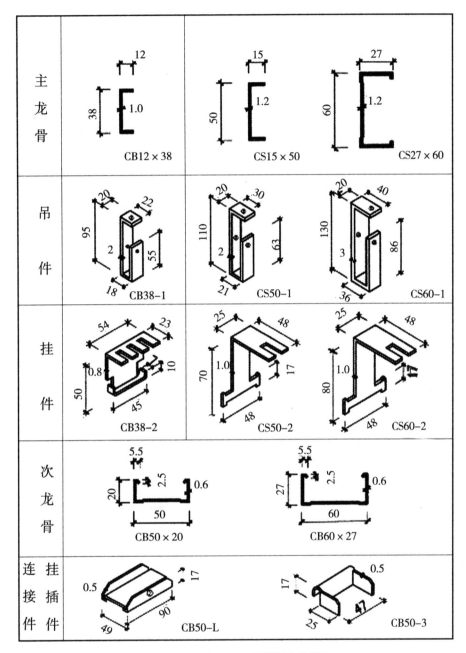

图4-78　C型轻钢龙骨规格

2. 条件准备

轻钢骨架隔断工程施工前，应先安排外装，安装罩面板应待屋面、顶棚和墙体抹灰完成后进行。基底含水率达到装饰要求，一般应小于10%以下。并经有关单位、部门验收合格，办理完工种交接手续。如设计有地枕时，地枕应达到设计强度后方可在上面进行隔墙龙骨安装。

安装各种系统的管、线盒弹线及其他准备工作已到位。

3. 施工中应注意的问题

隔墙轻钢骨架及罩面板安装时，应注意保护隔墙内装好的各种管线。

施工部位把安装的门窗，已施工完的地面、墙面、窗台等应注意保护、防止损坏。

轻钢骨架材料，特别是罩面板材料，在进场、存放、使用过程中应妥善管理，使其不变形、不受潮、不损坏、不污染。

（二）施工流程

弹线→安装天地龙骨→龙骨分档→安装竖向龙骨→安装系统管、线→安装横向卡挡龙骨→安装门洞口框→安装罩面板（一侧）→安装隔音棉→安装罩面板（另一侧）。

1. 材料

轻钢龙骨主件：沿顶龙骨、沿地龙骨、加强龙骨、竖向龙骨、横撑龙骨。（图4-79）

轻钢骨架配件：支撑卡、卡托、角托、连接件、固定件、护墙龙骨和压条等附件。

紧固材料：拉锚钉、膨胀螺栓、镀锌自攻螺丝、木螺丝和粘贴嵌缝材。

填充隔声材料：玻璃棉、岩棉等。

2. 施工工艺

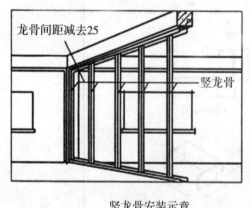

竖龙骨安装示意

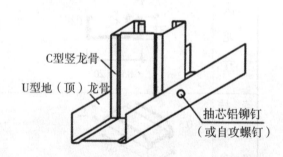

沿地沿顶龙骨与竖龙骨连接示意

图4-79 轻钢龙骨安装示意

（1）弹线定位

墙体骨架安装前，按设计图纸检查现场，进行实测实量，并对基层表面予以清理。在基层上按龙骨的宽度弹线，弹线应清晰，位置应准确。若设计有墙垫时，先浇筑细石混泥土墙垫，按设计要求，可内置构造钢筋。也可以预埋防腐木砖（用于固定沿地龙骨，间距一般为600mm）、地脚螺栓或其他铁件。

（2）安装沿地、沿顶龙骨及边端竖龙骨

沿地、沿顶龙骨及边端竖龙骨可根据设计要求及具体情况采用射钉、膨胀螺栓或按所设置的预埋件进行连接固定。沿地、沿顶龙骨固定射钉或胀铆螺栓固定点间距一般为600~800mm。边框竖龙骨应位牢固，固定点间距应不大于1000mm，有抗震要求时应不大于800mm。边框竖龙骨与建筑基体表面之间，应按设计规定设置隔声垫或满嵌弹性密封胶。

（3）安装竖龙骨

竖龙骨的长度应比沿地、沿顶龙骨内侧的距离尺寸短15mm。竖龙骨就位应垂直，间距满足规定尺寸要求。竖龙骨准确就位后，即用抽芯铆钉将其两端分别于沿地、沿顶龙骨固定。还应注意，若设计为柔性结构的防火墙体时，竖龙骨与沿地沿顶龙骨不能直接固定（另设附加龙骨）；对于双排龙骨墙体、穿过管道的墙体、曲面墙体或斜面墙体等特殊结构的墙体，以及门窗框或其他特殊节点使用附加龙骨（或加强龙骨）安装，均应照设计要求进行施工。

（4）安装横向龙骨

当采用有配件龙骨体系时，其通贯龙骨在水平方向穿过各条竖龙骨上的通孔，由支撑卡在两者相交的开口处连接稳。对于无配件龙骨体系，可将横向龙骨（可由竖龙骨截取或采用加强龙骨等配套横撑型材）断头剪开折弯，用抽芯铆钉与竖龙骨连接固定。

（5）墙体龙骨骨架的验收

龙骨安装完毕，有水电设施的工程，还需由专业人员按水电设计进行暗管、暗线及配件等安装进行验收。墙体中的预埋管线和附墙设备按设计要求采取加强措施。在罩面板安装之前，应检查龙骨骨架的表面平整度、立面垂直度及稳定性。

（6）罩面板的安装（以纸面石膏板为例）

石膏板宜竖向铺设，其长边（护面纸包封边）接缝应落在竖龙骨上。当设计为圆曲面隔墙构造时，其罩面板安装宜横向铺设。龙骨骨架两侧的石膏板及同一侧的内外两层石膏板（当设计为双层罩面板时），均应错缝排布，接缝不应落在同一根龙骨上。

使用整板，从板中部向四边顺序固定；自攻螺钉钉头略埋入板内（但不得损坏纸面），钉眼用石膏腻子抹平。经裁割的板边需对接时，应靠紧，但不得强压就位。

墙体端部的石膏板与周边的结构墙、柱体相接处，应留有3mm的缝隙，先加注嵌缝密封膏，然后铺板挤压嵌缝膏，使其嵌缝严密。

墙体接头处，应用腻子嵌满，贴覆防裂接缝带，各部位的罩面板接缝，均应按设计要求进行板缝处理。墙体阳角处，应有护角（配套护角条或其他护角装饰做法）。（图4-80）

（三）质量标准及验收

1. 主控项目

轻钢骨架和罩面板材质、品种、规格、式样应符合设计要求和施工规范的规定。人造板、黏结剂必须有游离甲醛含量或游离甲醛释放量及苯含量检测报告。

轻钢龙骨架必须安装牢固，无松动，位置正确。

罩面板无脱层、翘曲、折裂、缺棱掉角等缺陷，安装必须牢固。

图4-80 轻钢龙骨隔音墙施工

2. 一般项目

轻钢龙骨架应顺直，无弯曲、变形和劈裂。

罩面板表面应平整、洁净，无污染、麻点、锤印，颜色一致。

罩面板之间的缝隙或压条，宽窄应一致，整齐、平直、压条与板接缝严密。

● 活动隔墙

（一）施工前准备

1. 材料准备

天轨：1.2mm厚度铝合金异型，多元聚醋粉体涂装，或0.6mm电解镀锌钢板。

直杆组（直杆＋直滑杆）：1.2mm厚度电解镀锌钢板。

横杆组（横杆＋横滑杆）：1.2mm厚度电解镀锌钢板。

地轨：1.2mm厚度铝合金异型，多元聚酪粉体涂装。

踢脚板盖板：1.2mm厚度铝合金异型，多元聚醋粉体涂装；高低调整件属2.8mm冲压下料成型，电解镀锌处理，12mm高低调整螺丝，平衡高差40mm。

两向转接轨：1.5mm厚度铝合金异型，多元聚醋粉体涂装。

三向转接柱：1.5mm厚度铝合金异型，多元聚酪粉体涂装。

收头：1.5mm厚度铝合金异型，多元聚醋粉体涂装。

收尾：1.5mm厚度铝合金异型，多元聚醋粉体涂装。

面板系统：钢制面板0.8mmSPCC冷轧钢板；表面高分子线性热硬化型多元聚醋涂料。涂料厚度50mm；内部材料12mm耐燃二级石膏板，以有机性热固型胶与钢板加压加热固定。（图4-81）

玻璃面板：玻璃面板为双层玻璃，单片为5mm厚钢化玻璃，双层玻璃之间有60mm的空气层，内可置铝合金横式百叶。

玻璃框料：1.5mm厚铝合金异型，聚醋粉体涂料。

百叶窗：横式铝合金百叶。调整旋钮：为ABS射出成型，控制百叶遮阳调整。

图4-81　钢制面板

栅面板：面板材质，1.2mm铝合金挤型，聚醋粉体涂装。涂料厚度50mm。面板扣件用1.2mm铝合金挤型，聚醋粉体涂装。

扇面板：防火门材质，厚48mm金属框架门扇，1.2mmSPCC冷轧钢板面板，聚醋粉体涂装。

木门材质：厚48mm木制框架门扇，6mm夹板面板贴实木皮，三底三面优丽涂料装。

玻璃门材质：1.5mm厚铝异型门框，12mm钢化玻璃面板。

门框材质：防火门为1.2mmSPCC冷轧钢板折弯成型，聚醋粉体涂装。木制门为1.5mm铝合金异型。

五金组件：门锁，水平把手。铰链，厚3mm自动归位铰链，与面板同色聚醋粉体涂装。门弓器，门弓器。

面板组件：面板压条，（一般型）1.2mm铝合金异型毛料。（防火型）0.8mmSECC电解镀锌钢板冲压成型（防火型）。

隔间分割压条：（一般型）1.5mmPVC压出成型。（防火型）0.8mmSECC电解镀锌钢板冲压成型。面板压条固定螺钉M4mm×20mm钻尾螺钉。

面板处理：延长材料使用年限及避免搬运或施工中刮损，其面板处理应使用高分子线性热硬化型涂料处理。

产品须将全部材料送至工地现场，经由监理公司抽样签认后方可施工。

2. 条件准备

施工大样图：经业主、监理及设计师签认后方可施工。

提供材料加工单，确定承包厂商，于厂内生产加工时，确保依据生产进度，指定规格，材料检验等流程。

界面协调与签认：施工前须与水电、空调、网路、顶棚、地板等相关界面开会协调，所得结论送交设计师及业主、监理签认方可施工。

现场测量与放样，施工前须先进行工地现场测量及放样，并请监理签字后方可施工。

人员管理：所有工作人员须接受工地技术、安全教育。

3. 施工中注意的问题

隔墙骨架及罩面板安装时，应注意保护隔墙内装好的各种管线。

施工部位将安装的门窗，已施工完的地面、墙面、窗台等应注意保护、防止损坏。

骨架材料，特别是罩面板材料，在进场、存放、使用过程中应妥善管理，便其不变形、不磕碰、不损坏、不污染。

（二）施工流程

现场定位→天地轨安装→直杆、横杆组安装→水平调整→面板安装→清洁→交验。

1. 材料

天轨、直杆组、横杆组、地轨、踢脚板、两向转接轨、三向转接柱、收头、收尾、面板系统。

2. 施工工艺

（1）弹线

依据图纸位置实地放样，经监理单位认可后方可施工。

（2）框架系统安装

地轨安装：根据放样地点将地轨置于恰当位置，并将门及转角的位置预留，以空气钉枪击钉于间隔100cm处，固定于地坪上，如地板为瓷砖或石材时，则必须以电钻转孔，然后埋入塑料塞，以螺丝固定地轨，地轨长度必须控制在正负1mm/m以内，将高低调整组件依直杆的预定位置，置放于地轨凹槽内，最后盖上踢脚板盖板。

天轨安装：以水平仪扫描地轨，将天轨平行放置于楼板或天花板下方，然后以空气钉枪击钉或转尾螺丝固定，高差处须裁切成45°相接，各处之相接须平整，缝隙须小于0.5mm。

直杆安装：依图示或施工说明书上指示或需要之间隔安装直杆（一般标准规格，直杆间隔为100cm），将直滑杆插入直杆上方，搭接至天轨内部倒扣固定，直杆下放则卡滑至高低调整螺丝上方。

横杆安装：将横杆两端分别插入左右直杆预设的固定孔内倒扣固定，下方第一文横杆向上倒扣，其余横杆则向下倒扣固定，非标准规格时，则截断横杆中央部分，取两端插入横滑杆，调整需求之尺寸，依钻尾螺丝固定。再行设固于直杆上，直杆与横杆安装完成后，以水平仪扫描，调整所有直杆的高低水平（踢脚板标准高度为80mm）。

两向转角柱安装：在隔间之转向处，须立两向转角柱，其长度必须落地及接天轨，以L型固定片用空气钉枪击钉固定于地板地轨槽内，以钻尾螺丝锁固定于天轨上。

一字起头安装：钢板面板或玻璃面板相接于墙面，或硅酸钙墙面，石膏板墙面，木作墙面或T字形相接于钢制面板，且必须是标准尺寸时，应用一字起头，施作时，间隔90cm以电钻钻孔埋入塑料塞，再以螺丝固定一字起头于墙面。

八字起头安装：隔间为T字形，或十字形相接于玻璃面板之玻璃框时，或隔间为T字形相接于两组门扇之间时，则用八字起头处理，其固定方式为用钻尾螺丝，间隔90cm锁固于面板之框架处。

U形收头：若钢制面板末端相接于RC墙或水泥柱时，则以U形收头处理，以空气钉枪击钉或间隔90cm以电钻钻孔埋入塑料塞以螺丝固定。

（3）面板系统安装

钢制面板：将面板直立，面板下端顶靠在踢脚盖板上方，使面板两侧置于直杆之中心处，缓缓将面板推靠在框架上，再将面板压条扣接于两片钢制面板凹槽之间，以钻尾螺丝锁固面板压条于框架直杆上，且每间隔30cm固定一颗螺丝，组装时尤其必须注意垂直及水平，末端面板接RC墙面，如非规格尺寸，则必须裁切整齐，再插入固定好的U形收口内。施作前，水电及空调管路须事先安装完成。

玻璃板：同钢制面板安装方式类似，如为低玻或半玻面板，则玻璃面板置于钢制面板上方，再以金属压条扣接，钻尾螺丝锁紧。如有附加铝制横百叶，则必须单边玻璃面板固定，再施作百叶，将塑料射出上转输插入百叶上旋转杆后，将玻璃内侧之PVC塑料膜拆下，再固定另一旁玻璃面板。施作前，水电及空调管路须事先安装完成。

铝制面板：将铝制扣件置于铝制面板之左右两端，依钢制面板之安装方法，将其固定于框架晒（施作前，水电及空调管路须事先安装完成）。

门扇面板：先将PVC缓冲件插入门框沟槽内，裁切好适当长度，将门框嵌入直杆与横杆后，以钻尾螺丝固定门框与面板，然后将锁好铰链的门片安装于门框上，确定间距及稳固，开关无杂音后，再将水平锁、门挡、门弓器安装固定。

（4）施工后段

隔间分割线压条：所有隔间表板安装完毕，就可施作分割线压条，将压条裁切整齐，并与面板等高，以橡胶糙敲入面板压条的嵌接处，务必确实均嵌入。

百叶调整旋钮：分割线压条完成后，将调整旋钮插入百叶调整件之六角螺丝上，以M4螺帽锁紧，盖上盖板即可。

插座及开关开孔：依事先预设之插座及开关位置，用铅笔画出5cm×9cm之记号，于四角钻出10mm圆孔，再以直立型线锯锯开。

（5）清洁

将表板上保护胶膜撕下，清扫垃圾，收回所有废料运离工地现场，擦拭有手纹或灰尘的表板，施工完成。

（三）质量标准及验收

1. 主控项目

任何可以肉眼在100cm察觉之板面凹凸、水平、垂直度不足或墙面弯曲之现象均需修正，隔间墙面与铅垂面最大误差不超过2mm。

钢制面板、玻璃面板、铝制面板、窗面板及转角柱，质量必须符合设计样品要求和有关行业标准的规定。

骨架必须安装牢固，无松动，位置正确。

罩面板无脱层、翘曲、折裂、缺棱掉角等缺陷，安装必须牢固。

复合人造板必须具有国家有关环保检验测试报告。

2. 一般项目

骨架应顺直，无弯曲、变形和劈裂。

罩面板表面应平整、洁净，无污染、麻点、锤印，颜色一致。

罩面板之间的缝隙或压条的宽窄应一致、整齐、平直，压条与板接封严密。

骨架安装的允许偏差。

● 玻璃隔墙

（一）施工前准备工作

1. 材料准备

根据设计要求的各种玻璃、木龙骨（60mm×120mm）、玻璃胶、橡胶垫和各种压条。

紧固材料：膨胀螺栓、射钉、自攻螺丝、木螺丝和黏贴嵌缝料，应符合设计要求。

玻璃规格：厚度有8、10、12、15、18、22mm等，长宽根据工程设计要求确定。

2. 条件准备

主体结构完成及交接验收，并清理现场。

砌墙时应根据顶棚标高在四周墙上预埋防腐木砖。

木龙骨必须进行防火处理，并应符合有关防火规范的规定。直接接触结构的木龙骨应预先刷防腐漆。

做隔断房间需在地面的湿作业工程前将直接接触结构的木龙骨安装完毕，并做好防腐处理。

3. 施工中应注意的问题

木龙骨及玻璃安装时，应注意保护顶棚、墙内装好的各种管线；木龙骨的天龙骨不准固定通风管道及其他设备上。

施工部位已安装的门窗，已施工完的地面、墙面、窗台等应注意保护、防止损坏。

木骨架材料，特别是玻璃材料，在进场、存放、使用过程中应妥善管理，使其不变形、不受潮、不损坏、不污染。

其他专业的材料不得置于已安装好的木龙骨架和玻璃上。

隔断工程的脚手架搭设应符合建筑施工安全标准。

脚手架上搭设跳板应用铁丝绑扎固定，不得有探头板。

工人操作应戴安全帽，注意防火。

施工现场必须完工场清，设专人洒水、打扫，不能扬尘污染环境。

有噪声的电动工具应在规定的作业时间内施工，防止噪声污染、扰民。

机电器具必须安装触电保护装置，发现问题立即修理。

遵守操作规程，非操作人员决不准乱动机具，以防伤人。

现场保护良好通风。

（二）施工流程

弹隔墙定位线→画龙骨分档线→安装电管线设施→安装大龙骨→安装小龙骨→防腐处理→安装玻璃→打玻璃胶→安装压条

1. 材料

玻璃、木龙骨（60mm×120mm）、玻璃胶、橡胶垫和各种压条，膨胀螺栓、射钉、自攻螺丝、木螺丝和黏贴嵌缝料。（图4-82）

图4-82 玻璃、木龙骨、玻璃胶

2. 施工工艺

（1）弹线。

（2）根据楼层设计标高水平线，顺墙高量至顶棚设计标高，沿墙弹隔断垂直标高线及天地龙骨的水平线，并在天地龙骨的水平线上画好龙骨的分档位置线。

（3）安装大龙骨。

天地龙骨安装：根据设计要求固定天地龙骨，如无设计要求时，可以用$\phi 8 \sim \phi 12$膨胀螺栓或3~5寸钉子固定，膨胀螺栓固定点间距600~800mm。安装前作好防腐处理。

沿墙边龙骨安装：根据设计要求固定边龙骨，边龙骨收口槽应抹灰，如无设计要求时，可以用$\phi 8 \sim \phi 12$膨胀螺栓或3~5寸钉子与预埋木砖固定，固定点间距800~1000mm。安装前作好防腐处理。

（4）安装主龙骨。

根据设计要求按分档线位置固定主龙骨，用4寸的铁钉固定，龙骨每端固定应不少于3颗钉子。必须安装牢固。

（5）安装小龙骨。

根据设计要求按分档线位置固定小龙骨，用扣悍或钉子固定。必须安装牢固。安装小龙骨前，也可以根据安装玻璃的规格在小龙骨上安装玻璃槽。（图4-83）

（6）安装玻璃。

根据设计要求按玻璃的规格安装在小龙骨上；如用压条安装时先固定玻璃一侧的压

图4-83 玻璃隔断施工效果

条，并用橡胶垫垫在玻璃下方，再用压条将玻璃固定；如用玻璃胶直接固定玻璃，应将玻璃先安装在小龙骨的预留槽内，然后用玻璃胶封闭固定。

（7）打玻璃胶。

首先在玻璃上沿四周黏上纸胶带，根据设计要求将各种玻璃胶均匀地打在玻璃与小龙骨之间。待玻璃胶完全干后撕掉纸胶带。

（8）安装压条。

根据设计要求将各种规格材质的压条，将压条用直钉或玻璃胶固定小龙骨上。如设计无要求，可以根据需要选用10mm×12mm木压条、10mm×10mm的铝压条或10mm×20mm不锈钢压条。（图4-84）

图4-84 玻璃隔断

（三）质量标准及验收

1. 主控项目

龙骨木材和玻璃的材质、品种、规格、式样应符合设计要求和施工规范的规定。

木龙骨的大、小龙骨必须安装牢固，无松动，位置正确。

压条无翘曲、折裂、缺棱、掉角等缺陷，安装必须牢固。

木龙骨的含水率必须小于8%。

2. 一般项目

木龙骨应顺直，无弯曲、变形、劈裂和节疤。

玻璃表面应平整、洁净，无污染、麻点，颜色一致。

压条的宽窄应一致、整齐、平直，压条与玻璃接封严密。

二、板式隔墙与隔断施工工艺

●轻质条形板材隔墙

（一）施工前的准备工作

1. 材料准备

轻质条形板、填充材料、条板接缝黏结及嵌缝密封材料、安装定位材料、金属型材、条板墙面的抹灰装饰材料。

2. 施工准备

应按施工图纸及现场条件编制出条板排列图；清理好安装部位基层；混凝土的光滑表面应进行凿毛处理。按条形板排列图在施工现场墙面及顶棚上弹出隔墙位置线及门窗位置，用墨线弹出GRC板的中心线及边线，并用铅垂线校正。清理好施工现场，要求道路畅通，条板堆放场地平整、干燥、干净。

3. 施工中注意的问题

隔断工程的脚手架搭设应符合建筑施工安全标准。

脚手架上搭设跳板应用铁丝绑扎固定，不得有探头板。

工人操作应戴安全帽，注意防火。

施工现场必须完工场清，设专人洒水、打扫，不得扬尘污染环境。

有噪声的电动工具应在规定的作业时间内施工，防止噪声污染、扰民。

机电器具必须安装触电保安器，发现问题立即修理。

遵守操作规程，非操作人员决不准乱动机具，以防伤人。

（二）施工流程

放线→安装条板→塞缝→安装设备→进行表面处理和装饰。

1. 装饰材料

轻质条板、聚合物水泥浆、聚合物水泥砂浆、弹性黏结料、发包密封胶，以及防裂盖缝材料（接缝纸袋、胶带、挂胶玻璃纤维网格布或带、聚丙烯纤维水泥砂浆）、水泥、砂、石原料。（图4-85）

图4-85　轻质条形板隔墙施工

2. 施工工艺

（1）安装条板

安装条板的方法一般有两种：一种是加楔，另一种是下加楔。

较广泛采用的是下加楔，其具体做法是：先扫净板顶和侧边，对吸水性较强的条板先在板顶和侧边浇水，要做上面涂刷黏结剂，全部抹实，两侧做八字角。然后在隔墙板顶端的梁板底面弹有安装线的位置，用膨胀螺丝将配套"U"形。

安装时一人在一边推挤，一人在下方用宽口手撬棒撬起，边顶边撬，使之挤紧缝隙，以挤出胶浆为宜。在推挤时，应注意条板挤入U形卡后是否偏离一弹好的安装边线，并及时用铅垂线校正，将板面找平、找直。

安装好第一块条板后。检查其与砖墙面或柱面及梁板底面的粘接缝隙不大于5mm为宜，并检查垂度偏差不大于2mm为宜。合格后即用木楔楔紧条板底部，使之向上顶紧，替下撬棒，用刮刀将挤出的黏结剂刮平补齐，然后开始安装第二块条板。安装隔墙第二块板的方法和第一块板的方法一样，以安装好的第一块板为基础，以后每装完一块板都要用木靠尺来找平。按照这种方法依次安装GRC条板，只是注意每隔0.6~0.9m的地方需要在顶端固定一个U形卡，用以嵌固条板。

（2）接缝处理

板安装完毕后，在第一块板和最后一块板得上下端，隔墙板与墙柱交接处，用L形卡具两侧夹紧条板，使条板与墙柱交接紧密，接缝良好，以防该交接处凝固后开裂。

条板顶端与梁板的黏接处用黏接剂加涂一层，在边接阴角内用圆抹灰一层粘接剂，然后将玻璃纤维网格布贴上去，将玻璃纤维网格布抹平、顺直，不得使用网格布皱褶。最后再在玻璃纤维网格布上涂上一层黏接剂，用刮刀刮平，将来做装饰的一面比条板低于1~2mm为宜。

条板底部用细石混凝土将缝隙填嵌密实，等细石混凝土发挥强度后，才能拆除木楔，用水泥砂浆找平。

（3）门窗节点处理

门框两侧采用门框条板（带钢埋件），墙体安装完毕后将门框入预留洞内并与门框条板焊接即可。木门框需要在连接处用木螺钉拧上3mm×40mm扁铁，然后与条板埋件焊接。条板安装后一周内不得打孔凿眼，以免黏接剂固化时间不足而使板受振动开裂。

沿门洞一侧靠混凝土柱墙，则应在门洞顶角用角钢焊牢混凝土柱墙的预埋铁，以支撑洞顶的条板。门窗洞宽度超过1.5m，以及门窗上部墙体高度大于600mm时，应采用过梁板产品，洞口边应做好密封，并应采取隔声、防渗漏措施。

（4）水电管线的处理

水电管线的敷设应与隔墙板安装同步进行。板面若需开孔，应在条板安装前用电钻钻孔，在确定位置时最好避开GRC墙板的板筋，不得任意剔凿，且洞口尺寸不宜大于80mm×80mm。水暖件吊挂必须固定在条板的预埋铁件上（该铁件应加工订货时提出），每个吊挂点吊挂重量不得大于80kg。

电气接线盒、插座、开关等四周应用水泥黏接剂黏牢，其表面应与饰面持平。

GRC墙板上不能横向敷设管路，凡与地面平行的管路必须在预埋时从楼板中敷设。

由于GRC墙板是企口槽连接拼装而成，在安装后是一周内不得重锤猛击，若需在安装完毕后再走管线及安装附墙器具，则一般需间隔10d左右。施工时在放线定位后用切割机开凿，并尽量避开槽连接处和板筋。管路直接敷设在圆孔内。敷设完工即用混凝土砂浆渗入适量粘接剂补平。待砂浆硬化后在开槽处粘贴纤网格带，防止开裂。

（5）饰面处理

GRC轻板和砖墙一样，可进行多种面层装饰。对安装完毕的轻板墙面，先用界面剂即SG791胶兑水1∶1满刷一遍，然后抹灰或批刮腻子。可以按房间部位的不同使用要求刷涂料、贴面砖、墙纸等。若做涂料饰面，则用腻子（或用混合砂浆）找平；若做石材、瓷砖饰面，则用水泥石灰混合砂浆找平。

（6）防水处理

厨房、卫生间以及其他场所有防潮、防水要求的墙体，墙面必须做防水处理（防水高度不宜低于1.8m）；墙体下应做C20细石混凝土墙垫，墙垫高出楼地面不小于100mm。

（7）墙体的特殊构造要求

墙体的隔声构造应符合设计要求。对隔声性能要求较高的墙体，应采用隔声性能好、厚度较大的条板产品或采用双层板构造墙体，以及条板墙体与结构梁、板、墙柱面相结合的部位，宜设置密封隔声层（如泡沫密封胶、橡胶垫等），并采用弹性胶黏结，不得有空隙和通缝。（图4-86）

图4-86　轻质条形板隔墙

（三）质量标准及验收

1. 主控项目

隔墙板的品种、规格颜色应符合设计要求；有隔声、隔热、阻燃、防潮等特殊要求工程，板材应有相应性能等级的检测报告。

安装隔墙板材所需预埋件、连接件的位置、数量及连接方法应符合设计要求。

隔墙板所用接缝材料的品种及接缝方法符合设计要求。

2. 一般项目

隔板板材安装应垂直、平整、位置正确，板材不应有裂缝或缺损。

板材隔墙表面应平整光滑、色泽一致、洁净，接缝应均匀、顺直。

隔墙上的空洞、槽、盒应位置正确、套割方正，边缘平整。

隔墙板材安装的允许偏差盒检验方法应符合规定。

●钢丝网架夹芯板隔墙

（一）施工前的准备工作

1. 材料准备

生产钢丝网架夹芯墙板的钢材、钢丝、芯材、水泥、集料、外加剂及水泥砂浆等均应符合现行国家标准的有关规定。

钢丝网架夹芯墙板产品的品种、规格、技术性能以满足设计要求及现行建材行业标准的有关规定。

钢丝网架夹芯墙板外设砂浆层所采用的水泥砂浆，其强度等级不应低于M10。

2. 条件准备

建筑物主体结构工程已施工完，并经有关部门共同检查，鉴定合格后，方可进行泰柏板隔板安装施工。

按照设计图纸尺寸，确定泰柏板高、宽、厚的几何尺寸及加工的数量，向供货厂家提供委托加工单，并以此签订加工合同。

屋面保温防水工程应施工完成。

冬季施工应在采暖条件下进行操作，环境温度不得低于5℃。

3. 施工中应注意的问题

隔断工程的脚手架搭应符合建筑施工安全标准。

脚手架上搭设跳板应用铁丝绑扎固定，不得有探头板。

工人操作应戴安全帽，注意防火。

施工现场必须清场，设专人洒水、打扫，不得扬尘污染环境。

有噪声的电动工具应在规定的作业时间内施工，防止噪声污染、扰民。

机电器具必须安装触电保安器，发现问题立即修理。

遵守操作规程，非操作人员决不准乱动机具，以防伤人。

（二）施工流程

清理→弹线→墙板安装→墙板加固→线管敷设→墙面粉刷。

1. 装饰材料

钢丝网架夹芯墙板、水泥砂浆。（图4-87）

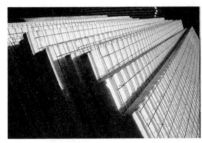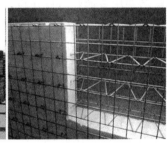

图4-87　钢丝网架隔墙

2. 施工工艺

（1）弹线

在楼地面、墙体及顶棚面上弹出墙板双面边线，边线间距为80mm（板厚），以保证对应的上下线在一个垂直平面内。

（2）墙板安装

钢丝网架夹芯板墙体施工时，按排列图将板块就位，一般是由下至上，从一端向另一端顺序安装。（图4-88）

将结构施工时预埋的2根直径为6mm，间距为400mm的锚筋与钢丝网架焊接或用钢丝绑扎牢固。也可通过直径为8mm的胀铆螺栓加U形码（或压片），或打孔植筋，把板材固定在结构梁、板、墙、柱上。

图4-88　钢丝网架夹芯板隔墙安装

板块就位前，可先在墙板底部安装位置满铺1：2.5水泥砂浆层，厚度不小于35mm；使板材底部填满砂浆。有防漏要求的，应该高度不低于100mm的细石混凝土墙垫，待其达到一定强度后再进行钢丝网架夹芯板的安装。

墙板拼缝、墙体阴阳角、门窗洞口等部位，均应按设计结构要求采用配套钢网片覆盖或槽型网加强；用箍码固定或用钢丝绑牢。钢丝网架边缘与钢网片相交点用钢丝绑扎紧固，其余部分相交点可相隔交错扎牢，不得有变形、脱焊现象。

板材拼接时，接头处芯材若有空隙，应用同类芯材补充、填实、找平。门窗洞口应按设计要求加强，一般洞口周边设置的槽型网（300mm和洞口设置的45°角加强钢网片，可用长度不小于500mm的之字条）应在钢网架用金属丝捆扎牢固，如设置洞边加筋，应在钢丝网架用金属丝绑扎定位；如设置通天柱，应在梁、板的预留锚筋或预埋件焊接固定。门窗框安装，应在洞口处的预埋件连接固定。

墙板安装完成后，检查板块间以及墙板与建筑结构之间的连接，确定是符合设计规定的构造要求及墙体稳定性的要求，并检查暗设管线、设备等隐蔽部分施工质量以及墙板表面平整度是否符合要求；同时对墙板安装质量进行全面检查。

（3）安装暗管、暗线和暗盒等

应与墙板安装相配合，在抹灰前进行。按设计位置将板材的钢丝剪开，剔除管线，通过位置的芯材，把管、线或设备等埋入墙体内，上、下用钢筋码与钢筋丝网架固定周边填实。埋设处表面另加铜网片覆盖，钢网片与钢丝网架用点焊连接或用金属丝绑扎牢固。

（4）水泥砂浆面层施工

钢丝网架夹芯板墙体安装完毕并通过质量检查，即可进行墙面抹灰。（图4-89）

图4-89 水泥砂浆面层施工

将钢丝网架夹芯板墙体四周与建筑结构连接处（25~30mm宽缝）的缝隙用1：3水泥浆填实。清理好钢丝网架与芯材结构的整体稳定效果，墙面做灰饼、设标筋；重要的阳角部位应按国家标准规定及设计要求做护角。

水泥砂浆抹灰层施工可分为三遍完成，底层厚12~15mm，中层厚8~10mm，罩面层厚2~5mm。水泥砂浆抹灰层的平均总厚度不小于25mm。

可采用机械喷涂抹灰。若人工抹灰时，以自下而上为宜。底层抹灰后，应用木抹子反复揉搓，使砂浆密实并与墙体的钢丝及芯材紧密黏结，且使抹灰表面保持粗糙。待底层砂浆终凝后，均应洒水养护；墙体两面抹灰的时间间隔，不得小于24h。

（三）质量标准及验收

1. 主控项目

隔墙板的品种、规格颜色应符合设计要求；有隔声、隔热、阻燃、防潮等特殊要求工程，板材应有相应性能等级的检测报告。

安装隔墙板材所需预埋件、连接件的位置、数量及连接方法应符合设计要求。

隔墙板安装必须牢固；现制钢丝网水泥隔墙与周边墙体的连接方法符合设计要求，并应连接牢固。

隔墙板所用接缝材料的品种及接缝方法符合设计要求。

2. 一般项目

隔板板材安装应垂直、平整、位置正确，板材不应有裂缝或缺损。

板材隔墙表面应平整光滑、色泽一致、洁净，接缝应均匀、顺直。

隔墙上的空洞、槽、盒应位置正确、套割方正，边缘平整。

隔墙板材安装的允许偏差和检验方法应符合规定。

第五章 顶棚施工工艺

一、顶棚建筑装饰的概念

顶棚又称天花、天棚，是建筑内部空间的顶界面。顶棚装饰是现代室内空间装饰的重要组成部分，我们可以充分利用顶棚来改善空间结构，通过顶棚的形状、光影、色彩、图案、材质肌理等元素来渲染空间环境，满足美化空间的要求，并解决人工照明、空气调节、消防、通信等管线的隐藏问题。

二、顶棚装饰构造的类型

依据顶棚面层与建筑结构层的位置关系、施工方法、面层材料及造型对顶棚进行分类，如表5-1所示。

表5-1 顶棚主要分类形式

结构关系	直接式、悬吊式
施工方法	抹灰式、喷涂式、粘贴式、饰面板
面层材料	石膏板、木质、矿棉板、金属板、玻璃镜等
造型特点	平面式、井格式、悬浮式、分层式等

三、顶棚施工机具

（1）电动机具

顶棚工程施工的电动机具有：电圆锯、无齿锯、冲击电锤、手枪钻、射钉枪、电焊机等。（图5-1）

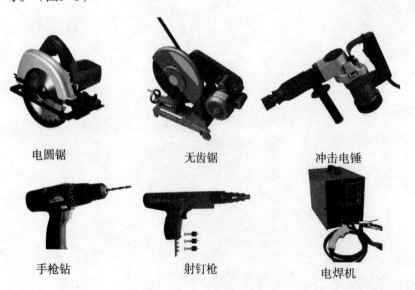

电圆锯　　　　　　无齿锯　　　　　　冲击电锤

手枪钻　　　　　　射钉枪　　　　　　电焊机　　　　图5-1 主要电动机具

（2）手动机具

顶棚工程施工的手动机具有：手锯、扳手、锤子、螺丝刀、钳子、拉铆枪、线坠、水平尺、手刨子等。（图5-2）

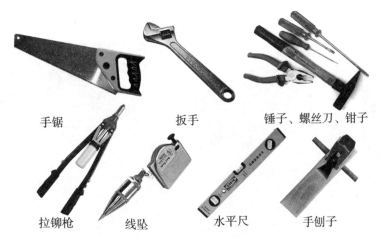

手锯　　　　扳手　　　　锤子、螺丝刀、钳子

拉铆枪　　线坠　　水平尺　　手刨子

图5-2　主要手动机具

四、直接式与悬吊式顶棚构造

依据室内顶棚装饰面层与建筑基层的构造位置关系，顶棚有直接式与悬吊式。

（一）直接式顶棚

直接式顶棚是指在楼板底面通过抹灰、油漆、喷涂、安装饰面板等形式进行直接装饰而成的顶棚。

直接式顶棚具有饰面构造层厚度小、构造简单、施工方便、造价较低等特点，直接式顶棚可使室内高度得到充分的利用，但不具备提供隐藏顶部管线、设备的内部空间，小口径的管线要预埋在构造层内，较大口径的管线则无法隐蔽，因此直接式顶棚常用在功能要求相对简单、装饰性要求不高、空间尺度较小的建筑空间。

直接式顶棚的构造形式主要有以下类型：

（1）直接抹灰顶棚，即用纸筋灰、石灰砂浆等材料进行的直接抹灰装饰（图5-3、图5-4）。

图5-3　墙面灰及砂浆

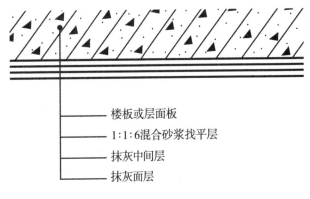

楼板或层面板

1:1:6混合砂浆找平层

抹灰中间层

抹灰面层

图5-4　抹灰类顶棚构造

（2）裱糊类顶棚构造，即用墙纸、墙布等卷材进行裱糊的装饰形式。（图5-5~图5-7）

（3）装饰面板顶棚，即用胶合板、石膏板等板材进行装饰的构造形式（图5-8）。

（4）喷刷类装饰顶棚，即用石灰浆、色粉浆、大白浆、彩色水泥浆、乳胶漆等材料进行喷刷的装饰形式。（图5-9）

5-5　各种风格质感的墙纸

5-6　墙纸裱糊顶棚

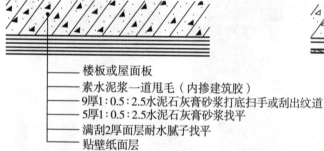

楼板或屋面板
素水泥浆一道甩毛（内掺建筑胶）
9厚1:0.5:2.5水泥石灰膏砂浆打底扫手或刮出纹道
5厚1:0.5:2.5水泥石灰膏砂浆找平
满刮2厚面层耐水腻子找平
贴壁纸面层

5-7　裱糊类顶棚构造

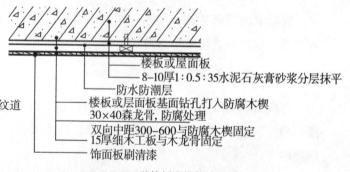

楼板或屋面板
8-10厚1:0.5:35水泥石灰膏砂浆分层抹平
防水防潮层
楼板或层面板基面钻孔打入防腐木楔
30×40森龙骨，防腐处理
双向中距300-600与防腐木楔固定
15厚细木工板与木龙骨固定
饰面板刷清漆

5-8　装饰板顶棚构造

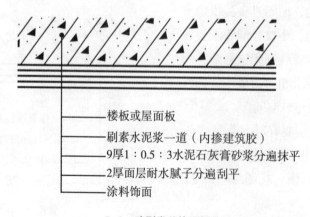

楼板或屋面板
刷素水泥浆一道（内掺建筑胶）
9厚1:0.5:3水泥石灰膏砂浆分遍抹平
2厚面层耐水腻子分遍刮平
涂料饰面

5-9　喷刷类装饰顶棚构造

5-10 钢筋吊筋配件

5-11 钢筋吊筋衔接结构

（二）悬吊式顶棚

悬吊式顶棚一般由吊筋、基层、面层三个基本部分组成，其装饰面层与屋面板、楼板之间留有一定距离，通常利用这段空间来布置各种管道设备，以满足空间的使用功能及美观要求。

1. 吊筋

顶棚吊筋是连接龙骨和承重结构的承重传力构件，主要作用是将顶棚的荷载传递给楼板、屋顶梁、屋架等部位。吊筋还可以调整、确定悬吊式顶棚的空间高度，以适应不同场合、不同艺术处理上的需要。

顶棚吊筋可采用钢筋、型钢、镀锌钢丝或木方等材质。吊筋的形式和材料选用，与顶棚自重及顶棚所承受的灯具及其他设备的重量有关，也与龙骨的形式、材料及屋顶承重结构的形式和材料等因素有关。用于一般顶棚的钢筋吊杆直径应不小于$\phi 6$，间距在900~1200mm左右。型钢吊筋用于重型顶棚或整体刚度要求特别高的顶棚。方木吊筋一般用于木基层顶棚，并采用铁制连接件加固。（图5-10~图5-13）

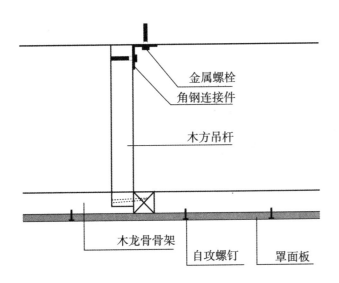

5-12 方木吊筋龙骨

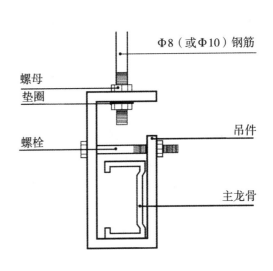

5-13 木吊筋安装和连接方式

2. 顶棚基层

顶棚基层即骨架层，是由主龙骨、次龙骨（或称主格栅、次格栅、覆面龙骨）所形成的网格骨架结构。基层的作用主要是形成找平层、稳固的结构层，用于连接顶棚面层，承受面层荷载，并通过吊筋将荷载传递给楼板或屋顶的承重结构。常见的顶棚基层材料分为木基层和金属基层两大类。

（1）木基层

木基层是由方木制成的龙骨骨架。木龙基层的优点是容易做各种造型，握钉力强，适合与其他木制品连接，易于安装。由于本身的木材属性，其缺点是防火性能较差、容易变形开裂，在防火、防虫、防潮上要做专门处理。

木龙骨在材料上主要选择松木、椴木、杉木等树种，主龙骨木材断面通常采用50mm×70mm的木方，钉接或栓接在吊筋上，龙骨间距一般在1200~1500mm。次龙骨钉栓在主龙骨的底部，龙骨断面一般采用50mm×50mm木方，次龙骨的间距在抹灰面层一般是400mm，在板材面层则需依据板材的规格和板材间的缝隙大小来确定，一般小于600mm。（图5-14）

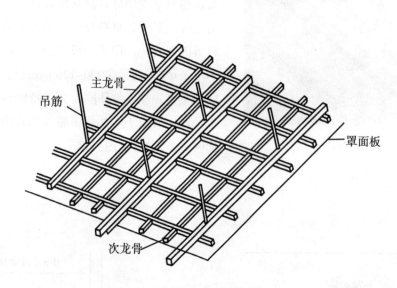

5-14　木基层组合示意图

（2）金属基层

金属基层常用的材料有轻钢龙骨和铝合金龙骨。轻钢龙骨和铝合金龙骨具有自重轻、刚度大、耐火性及抗震性能好、施工简便、不容易变形的优点，是家居、酒店、剧场、商场等空间顶部常用的装饰形式。

①轻钢龙骨

轻钢龙骨是以优质的连续热镀锌板带为原材料，经冷弯工艺轧制而成的金属型材。龙骨的断面形式有U型、C型、T型和L型。轻钢龙骨主龙骨间距通常为900~1200mm，次龙骨间距依据板材面层规格和板材间的缝隙大小来确定，一般小于600mm。

顶棚装饰中最常用到的是U型龙骨，多用作主龙骨，按照其荷载能力可分为38、50和60三个系列。38系列用于吊点间距为900～1200mm的不上人吊顶，50系列能承受80kg的荷载，适合用于吊点间距为900～1200mm的可上人吊顶，60系列的龙骨能承受100kg的荷载，适合用于吊点间距小于1200mm的可上人加重吊顶。龙骨的承重能力还与型材厚度有关，当需要承受较大荷载时须选用厚型材料。

②铝合金龙骨

铝合金龙骨是以铝板轧制而成的型材，其性能和轻钢龙骨性能相近，同样具有刚性强、不易变形、防火性能好等优点，其成本相对较高。常用的铝合金龙骨有T型、U型及采用嵌条形式构造的各种特制龙骨。铝合金龙骨按其荷载能力主要有轻型、中型、重型三个系列，高为30mm和38mm的属轻型系列龙骨，高为45mm和50mm的属中型系列龙骨，高为60mm的属重型系列龙骨。（图5-15、图5-16）

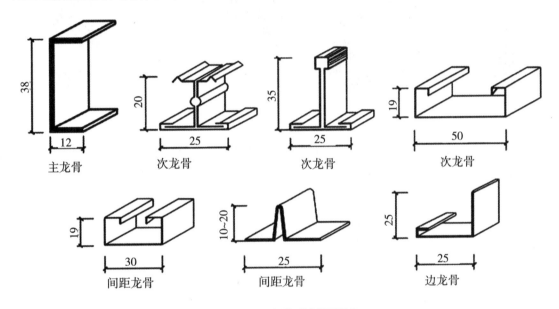

5-15 金属龙骨型材断面形式

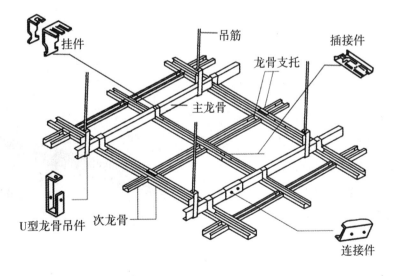

5-16 金属基层组合示意图

3. 顶棚面层

顶棚面层除了起装饰作用外，还能起到吸声、反射、保温等作用。面层材料类型丰富，可分为板材类、抹灰类、裱糊类三种，其中最常用的是板材类，主要有纸面石膏板、埃特板、夹板、PVC板、铝扣板、矿棉板、细木工板、铝塑板等材料。

（1）夹板

夹板也称胶合板、细芯板，是由原木旋切成单板或木方刨切成薄木，再用胶黏剂胶合而成的板材，具有不易变形、施工方便、不翘曲、横纹抗拉、力学性能好等优点。（图5-17）

5-17 夹板

常用的夹板规格长为2440mm，宽为1220mm，依据厚度划分有3厘板、5厘板、9厘板、12厘板、15厘板和18厘板等规格（1厘即为1mm），也可根据不同的要求生产特定厚度的夹板。

表5-2 夹板的幅面尺寸 （单位：mm）

宽度	长度				
	915	1220	1830	2135	2440
915	915	1220	1830	2135	—
1220	—	1220	1830	2135	2440

（2）埃特板

埃特板是一种纤维增强硅酸盐平板，其主要原材料是水泥、植物纤维和矿物质，经流浆法高温蒸压而成的板材。埃特板具有多种厚度及密度，厚度通常有8mm、10mm、12mm，埃特板为不燃A1级产品，不含石棉及其他有害物质，具有防火、防潮、防水、隔音、环保、安装快捷、寿命长等优点，在顶棚面层装饰中运用广泛。（图5-18）

5-18 埃特板板材

（3）铝扣板

铝扣板是用轻质铝板一次冲压成型，外层再用特种工艺喷涂漆料制成的板材。铝扣板有方形、条形、菱形等形状，厚度一般在0.4～0.8mm。方块型材规格多为300mm×300mm、350mm×350mm、500mm×500mm、600mm×600mm等。从外表分，铝扣板主要有表面冲孔和平面两种。表面冲孔是指在板材上打有很多个可以通气吸音的孔，有圆孔、方孔、长圆孔等，在浴室等水气多的空间，表面打孔的铝扣板利于蒸汽向上蒸发，还可以在板内铺设一层薄膜软垫，潮气可透过小孔被薄膜吸收，所以它适合用于水分多的空间。但像厨房这样油烟特别多的地方，为了防止油烟直接从孔隙渗入，应选择平面铝扣板，方便使用后的清洁。由于铝扣板板材较薄，吸音、绝热功能相对差，在用于办公室、会议室吊顶时，可在板内加玻璃棉等保温吸音材料来提升其隔热吸音功能。铝扣板具有防腐、防潮、防火、易擦洗等优点，加上它本身所具有的金属质感，兼具美感和实用性，是现在室内吊顶中的主流产品，常用于卫生间、厨房、办公室、会议厅等空间。（图5-19）

5-19　铝扣板板材

5-20　铝塑板板材

（4）铝塑板

铝塑板上下层为高纯度铝合金板，中间为低密度聚乙烯芯板，由黏合剂复合成一体的轻型装饰材料，标准板尺寸为1220mm×2440mm，厚度一般为3mm、4mm。（图5-20）

铝塑板易于加工，可以通过对板材进行切割、开槽、钻孔、加工埋头或以冷弯、冷折、冷轧、铆接、胶合黏接等形式，制作多种装饰效果。板材本身具有耐蚀、防火、防潮、隔热、隔声等优点，广泛运用于建筑幕墙、外墙装饰与广告、隔断、形象墙、展柜、厨卫吊顶等装饰构造中。

（5）石膏板

石膏板是以石膏为基材，掺入纤维、黏结剂、稳定剂，经混炼压制、干燥制成的材料。具有重量轻、加工方便、隔音绝热、防火等优点，常用于各种顶棚及轻质墙体工程中。

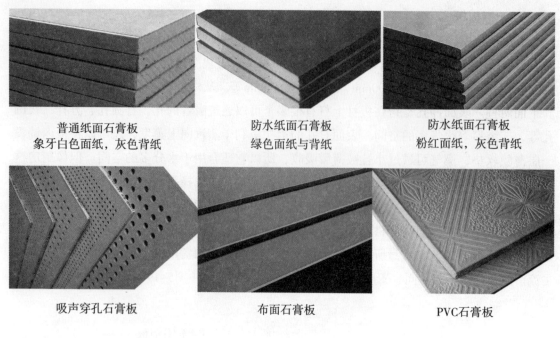

普通纸面石膏板 象牙白色面纸，灰色背纸	防水纸面石膏板 绿色面纸与背纸	防水纸面石膏板 粉红面纸，灰色背纸
吸声穿孔石膏板	布面石膏板	PVC石膏板

5-21 石膏板类型

石膏板分类主要有：纸面石膏板、布面石膏板、吸声穿孔石膏板。（图5-21）

五、顶棚施工工艺

（一）夹板吊顶

夹板吊顶主要运用木方及胶合板进行制作，具有材质轻、弹性好、韧性好、耐冲击、耐振动、易加工、易涂饰、绝缘等优点。它能轻易地造出圆、方、弯曲等各种形状，是现代家居空间顶棚装饰中应用较多的一种类型。

1. 材料入场

50mm×70mm、50mm×50mm规格的杉木木方、5厘和3厘夹板、木材防腐剂、防火涂料、环氧树脂、牛皮胶带纸、网带、白乳胶、防锈漆、射钉、膨胀螺栓等。（图5-22~图5-24）。

5-22 材料入场前的成品保护

5-23　夹板和木方

5-24　网带、牛皮胶带纸

2.选材方法

（1）夹板选材

①选择正反两面木纹清晰，表面平滑光洁，无破损、疤节、划痕的板材。

②板材拼接处应严密，无脱胶（用手敲夹板各个部位，声音脆响，则说明板材无散胶的现象）及高低不平的现象。

③甲醛含量≤1.5mg/L，胶合板检测质量合格产品。

（2）木龙骨的选材

①选择色泽偏红色、纹理清晰的新木方，避免选择颜色暗黄、无光泽的朽木。

②木方横切面大小的规格符合要求，头尾光滑匀称平直。

③选择木节少，没有树皮、虫眼的木方。

④选择密度大、比较重的、用指甲抠不会有明显痕迹、手压有良好弹性、弯曲后易回位的木方。

5-25　激光水平仪测定地坪基准线

5-26　弹顶棚标高水平线

5-27　画吊顶布局线

5-28　画吊顶布局线

3. 施工流程

（1）定地坪基准线

定出地面的地坪基准线。原地面无饰面要求时，基准线为原地平线。如地面要贴石材、瓷砖、木地板等饰面时，则需要依据原地面加饰面层厚度来定地坪基准线，将地坪基准线弹于墙上。（图5-25）

（2）弹顶棚标高水平线

依据施工图要求、楼层标高、管线设备安装情况等综合因素设计吊顶标高，以地坪基准线为参照起点，在墙上量出吊顶高度，沿房间四周画出顶棚标高水平线，弹线应清楚，水平允许偏差为±5mm。（图5-26）

（3）确定吊点位置、画吊顶布局线

沿顶棚的标高水平线，在墙上划分好龙骨和吊点的位置线，一般情况下，吊点按每平方米一个均匀布置，在灯位处、承载部位、龙骨与龙骨相接处及叠级吊顶的叠级处应增设吊点，主龙骨端部吊点距离墙边不能大于300mm。根据图纸设计要求绘制吊顶布局线，画线时以房间的中心为基准，将设计造型按照先高后低的顺序，逐步弹在顶板上。（图5-27、图5-28）

（4）木材防火防虫处理、制作吊筋及龙骨

制作方木吊筋、主龙骨、次龙骨。木方要方方正正抛光，选方正面朝下，便于打钉及板与板的衔接。木方吊筋的长度依据吊顶设计高度要求、龙骨断面和使用荷载综合确定。主次龙骨截面规格可为50mm×70mm、50mm×50mm。龙骨架子在吊装前一般在地面进行分片拼接，为了便于吊装，木龙骨最大组合片不大于10m，固定时较长的是主龙骨，较短的横向的为次龙骨。

所有造型木方和木饰面板都应进行防腐、防火、防蛀处理，可依次在木材各面涂刷相关涂料，一般防火涂料涂刷不少于2遍，处理后晾干燥备用。（图5-29、图5-30、图5-31）

（5）安装吊筋及龙骨

吊筋通常可用膨胀螺栓、预埋铁件等方法固定于吊点上。如：在已标注好的吊点位置用冲击电钻打孔，孔的深度与膨胀螺栓长度相符，用膨胀螺栓固定木方和铁件制作吊筋。

沿吊顶标高水平线固定沿墙木龙骨，沿墙木龙骨的截面尺寸与吊顶次龙骨尺寸一样。安装时一般是用冲击钻在标高线以上10mm处墙面打孔，孔深12mm，孔距0.5～0.8m，将沿墙龙骨钉固在墙面，沿墙木龙骨固定后，其底边与其他次龙骨底边标高一致。

龙骨可从一个墙角位置开始安装，将拼接好的木龙骨架托起到吊顶标高位置使之与基准线平齐，对于高度低于3.2m的吊顶骨架，可在高度定位杆上做临时支撑，调平整片龙骨架，将靠墙部分与沿墙木龙骨钉接，再与吊筋连接固定，待整体骨架安装完后做基层验收。（图5-32、图5-33、图5-34）

5-29　木材防虫处理

5-30　木龙骨及吊筋制作

5-31　木材刷防火涂料

5-32 龙骨与吊筋连接形式

5-33 天花灯槽立板加固

5-34 吊顶基层验收

5-37 吊顶转角处理形式

（6）吊顶罩面板

依据设计要求封夹板面层，与电工配合，需待吊顶线路检查验收合格后再封板，灯具设备开孔时应将电线拉到孔内或孔边以便后期装灯。夹板需要选择高品质板材，确保其面层不会鼓泡、起层。夹板吊顶建议使用5+3厘或3+3厘的双层板，安装双层夹板时，底层使用5厘夹板，面层使用3厘夹板，两板要错缝封制，接缝处板材边界刨45度角做斜边处理，留缝可在2～3mm。吊顶转角处不能做板材拼接，需要用整块板开料过渡。（图5-35、图5-36）

5-35 弹线封5厘板

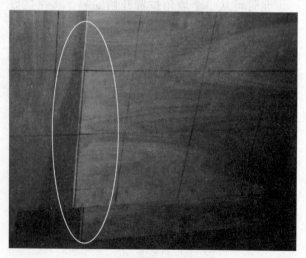

5-36 接口处刨V形槽处理

（7）环氧树脂补缝、贴网带及防锈漆补钉眼

面层安装完成后进行整体检查验收。对需要打磨处理的地方进行打磨和清理，用环氧树脂进行板材填补，板材接缝处粘贴网带，防止吊顶今后出现开裂变形，并对施工钉眼进行防锈处理。（图5-38、图5-39）

（8）吊顶扇灰、上漆及安装灯具设备（图5-40）

4.验收标准

（1）主控项目

①吊顶的标高、尺寸、起拱和造型应符合设计要求。

②饰面板的材质、品种、规格应符合设计要求。

③暗龙骨的吊杆、龙骨和夹板的安装必须牢固。

④吊杆、龙骨的安装间距及连接方式应符合设计要求。

⑤木材应进行防腐、防虫、防火处理。

⑥饰面板的接缝应按其施工工艺标准进行板缝防裂处理。

（2）一般项目

①饰面材料表面应洁净，不得有翘曲、裂缝及缺损。

②灯具、烟感器、喷淋头、风口篦子等设备的位置应合理、美观，与饰面板的交接应吻合、严密。

③吊杆、龙骨应顺直，无劈裂锤印、无翘曲变形。

④木饰面板吊顶工程安装的允许偏差和检验方法应符合《建筑装饰装修工程质量验收规范》。（表5-3、表5-4）

5-38 环氧树脂补缝及拼接处贴网带

5-39 钉眼防锈处理

5-40 吊顶局部效果

表5-3　暗龙骨吊顶工程安装的允许偏差和检验方法

项次	项目	允许偏差（mm）				检验方法
		纸面石膏板	金属板	矿棉板	木板、塑料板、格栅	
1	表面平整度	3	2	3	2	用2m靠尺和塞尺检查
2	接缝直接度	3	1.5	3	3	拉5m线，不足5m拉通线，用钢直尺检查
3	接缝高低度	1	1	1.5	1	用钢直尺和塞尺检查

表5-4　明龙骨吊顶工程安装的允许偏差和检验方法

项次	项目	允许偏差（mm）				检验方法
		石膏板	金属板	矿棉板	塑料板、玻璃板	
1	表面平整度	3	2	3	2	用2m靠尺和塞尺检查
2	接缝直接度	3	2	3	3	拉5m线，不足5m拉通线，用钢直尺检查
3	接缝高低度	1	1	2	1	用钢直尺和塞尺检查

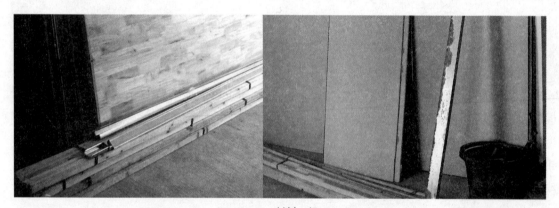

5-41　材料入场

5-42　石膏板厚度

（二）轻钢龙骨石膏板吊顶

1. 材料入场

轻钢龙骨、吊挂件、连接件、挂插件、吊杆、螺丝钉、射钉、石膏板、杉木木方、细木工板、网带、防锈漆等。（图5-41、图5-42）

2. 选材方法

（1）石膏板的选材

①外观

石膏板要选择表面平滑，牛皮护面纸粘贴牢固，没有裂痕及污痕的板材，如果是装饰石膏板，其颜色须均匀，图案纹理清晰。选购时可将石膏板竖立，观察板材整体的厚度，要求厚度均匀一致，没有空鼓及变形的情况，每张石膏板的尺寸基本无误，色泽统一。

②密实度

越密实的石膏板质量就越好，越耐用。选材时，对比板材重量，通常越重的石膏板就越密实，质量越好。

（2）轻钢龙骨的选材

①轻钢龙骨按照断面形状分为U型、C型、L型、T型、V型，依据设计施工要求进行型材选择。

②龙骨选择钢材厚度大于0.6mm的产品。

③轻钢龙骨两面应是镀锌层面，选择镀锌层表面有清晰雪花状花纹、镀锌层无脱落，无麻点的材料。

3. 施工流程

（1）弹线

在弹顶棚标高线前，应先弹出施工标高基准线，一般常用0.5m为基线，弹于四周的墙面上。

以施工标高基准线为参照基准，依据设计图纸，用仪器或量具沿室内墙面将顶棚高度量出，并将此高度用墨线弹于墙面上，弹线要清晰，水平允许偏差为±5mm。之后根据吊顶的设计要求，将吊顶造型线弹在顶板上。（图5-43）

（2）吊点位置线

确定吊点的位置，标示于顶板上。

（3）安装沿边龙骨

在吊点位置及标高水平线位置，用冲击电钻打孔，用于固定吊杆及沿边龙骨。

5-43 顶部放线

安装边龙骨，安装时要确保沿边龙骨的水平和牢固，墙面四周的边龙骨安装时需在龙骨上打眼并用8~10mm的膨胀螺丝固定，膨胀螺丝的设置常规是1m3个，2m5个。（图5-44、图5-45）

（4）安装吊筋及龙骨

将吊筋用膨胀螺栓固定在顶板吊点开孔处。主龙骨按弹线位置就位，利用吊件悬挂在吊筋上。主龙骨端部接长处必须设置一根吊筋，第一根主龙骨距离墙面不得大于150mm，吊筋与强、弱电线管、消防管线的间距要大于50mm。待全部主龙骨安装就位后进行调直调平定位，将吊筋上的调平螺母拧紧，龙骨中间部分按具体设计起拱。接下来安装次龙骨，固定板材的次龙骨间距不应大于600mm。安装时使用同型号产品及配件，注意龙骨之间的卡接要牢固，安装完成后对整体骨架安装质量进行检查验收。（图5-46~图5-48）

5-44　水平线位置及吊点打孔

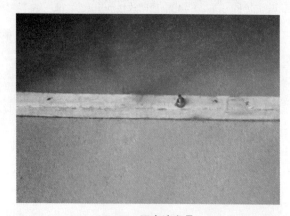

5-45　固定边龙骨

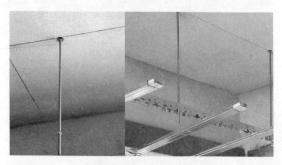

5-46　安装吊杆及主次龙骨

5-47　轻钢龙骨吊顶结构

5-48　龙骨与沿边木方连接形式

（5）吊顶框架

细木工板封边，做吊顶框架。在需安装轻型吊灯的位置，可固定预设一块18mm多层板做防火处理，板面与龙骨面齐平，多层板须采用膨胀螺栓固定在结构楼板面，不得与龙骨固定连接。空调回风口、出风口、换气扇等处要求设置木边框，以便于风口安装。（图5-49、图5-50）

（6）安装石膏板

吊顶与电工配合，封板前应检查吊顶上线路情况，合格后再封板。安装时，石膏板商标朝上，石膏板长边与主龙骨平行，从顶棚的一端向另一端逐块排列，余量放在最后安装。

安装时将板材与龙骨对应就位，用钻头将板与龙骨钻通，再用自攻钉拧紧，自攻钉钉距一般为150～170mm，距边不小于15mm，略嵌入板面1mm左右。石膏板与墙面之间应留6mm缝隙，板与板之间要留出不小于5mm的伸缩缝隙。安装过程中依据设计要求留出灯具及各项设备的对应孔洞。（图5-51~图5-53）

5-49　细木工板封边

5-50　吊顶框架

5-51　安装石膏板

5-52　石膏板固定采用自攻镙钉，镙钉间距不超过15cm

5-53　石膏板罩面执行"L"型接法，降低吊顶开裂的机率

5-54 钉眼防锈及补缝处理

5-55 吊顶抹灰

5-56 吊顶乳胶漆效果

（7）钉眼防锈及补缝处理

石膏板装钉完毕后，对其安装质量进行检查。验收合格后对钉眼做防锈处理，并用石膏腻子或环氧树脂对吊顶缝隙做抹平处理，在石膏板接缝处黏贴网带。（图5-54）

（8）吊顶抹灰。（图5-55）

（9）吊顶乳胶漆及安装灯具。（图5-56~图5-58）

4. 验收标准

（1）主控项目

①吊顶标高、尺寸、起拱和造型应符合设计要求。

②饰面材料的材质、品种、规格和颜色应符合设计要求。

③吊杆、龙骨和饰面材料的安装必须牢固。

5-57 吊顶灯具安装

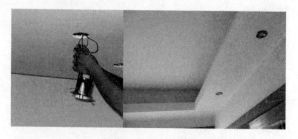

5-58 吊顶灯具安装及完工效果

④吊杆、龙骨的安装间距及连接方式应符合设计要求。

⑤石膏板的接缝应按其施工工艺标准进行板缝防裂处理。

（2）一般项目

①吊顶表面应洁净、色泽一致，不得有翘曲、裂缝及缺损，压条应平直、宽窄一致。

②石膏板上的灯具、烟感器、喷淋头、风口箅子等设备的位置应合理、美观，与面板的交接应吻合、严密。

③金属吊杆、龙骨的接缝应均匀一致，角缝应吻合，表面应平整，无翘曲及锤印。

④轻钢龙骨石膏板吊顶工程安装的允许偏差和检验方法应符合《建筑装饰装修工程质量验收规范》。（表5-5、表5-6）

表5-5 暗龙骨吊顶工程安装的允许偏差和检验方法

项次	项目	允许偏差（mm）				检验方法
		纸面石膏板	金属板	矿棉板	木板、塑料板、格栅	
1	表面平整度	3	2	3	2	用2m靠尺和塞尺检查
2	接缝直接度	3	1.5	3	3	拉5m线，不足5m拉通线，用钢直尺检查
3	接缝高低度	1	1	1.5	1	用钢直尺和塞尺检查

表5-6 明龙骨吊顶工程安装的允许偏差和检验方法

项次	项目	允许偏差（mm）				检验方法
		石膏板	金属板	矿棉板	塑料板、玻璃板	
1	表面平整度	3	2	3	2	用2m靠尺和塞尺检查
2	接缝直接度	3	2	3	3	拉5m线，不足5m拉通线，用钢直尺检查
3	接缝高低度	1	1	2	1	用钢直尺和塞尺检查

（三）铝扣板吊顶

铝扣板吊顶通常是直接将铝扣板扣在对应的金属龙骨上进行安装的吊顶形式。

铝扣板在安装时，要预先确定相应设备的开孔位，如果是厨房要先固定油烟机的烟道、烟机位置，再进行吊顶，如果是浴室，安装前要事先把灯、浴霸、排风扇等设备的位置大小要求告诉工人，浴霸等比较重的设备要专门加固在楼板顶部，不能把排风扇、浴霸、大型灯具，直接装在铝扣板或铝扣板龙骨上。

1. 材料入场

铝扣板及配套龙骨、连接件、挂接件、吊杆、自攻螺钉、胶黏剂等。（图5-59）

2. 选材方法

（1）厚度：铝扣板在选材时选择板材厚度均匀一致，相对厚一些的板材，越厚其弹性

5-59　材料入场

5-60　测量剪裁角线尺寸

5-61　收边条安装效果

和韧性就越好，变形的几率越小。可参照产品的规格说明，长度、厚度等信息结合通过肉眼观察和手感触摸来判断铝扣板的厚度、弹性和质感。

（2）外观：选择表面光洁、色泽统一的铝扣板。

3. 施工流程

（1）弹线

以施工标高基准线为参照基准，按设计所定的顶棚标高，沿墙四周弹出顶棚标高水平线，作为天花吊顶的定位线。

（2）安装收边条

将收边条对准弹好的吊顶水平线进行安装，安装时把收边条靠墙一面涂刷玻璃胶后用螺钉固定在墙上，固定点的距离一般为300~600mm。边条安装要牢固、平整顺直。（图5-60、图5-61）。

（3）安装吊筋

在吊点位置用冲击电钻打孔，打孔深度3~4cm为宜。依据吊顶悬吊高度测量吊杆尺寸，切割吊杆，吊杆可用Φ6~10mm的钢筋，对吊杆进行组装备用。（图5-62、图5-63）

将组装好的吊筋用膨胀螺栓固定在打好的孔中。（图5-64）

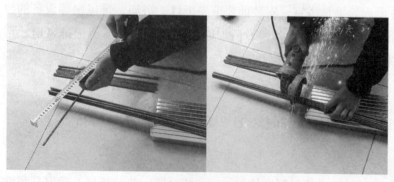

5-62　测量切割吊杆

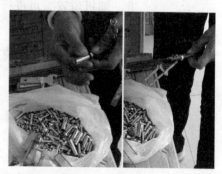

5-63　组装吊件

（4）安装主龙骨

将主龙骨通过吊挂件与吊杆连接，主龙骨间距一般为1000mm，龙骨须对接，不得有搭接，龙骨需要接长时，应使用专用连接件进行连接固定，基本定位后调节吊挂抄平下皮。（图5-65）

（5）安装次龙骨

依据板材规格确定龙骨位置，将次龙骨通过吊挂件，吊挂在主龙骨上。此次项目使用600mm×600mm规格的铝扣板，因此布置次龙骨的间距为600mm，次龙骨安装时必须和主龙骨底面贴紧，靠墙一端应放在收边条的水平翼缘上。安装完毕后对骨架进行整体调平，确保整体骨架方正、平整，框格尺寸与罩面板尺寸相符。（图5-66）

（6）安装铝扣板

顺着铝扣板翻边部位轻压，将板扣嵌入龙骨槽口翼缘上，可从吊顶一角依次固定板材。根据设计要求将灯具及其他设备的尺寸开出对应孔洞，铝扣板与龙骨连接要紧密、平整，接缝均匀，不能有污染及掉角缺损的情况，安装完铝扣板后轻轻撕去其表面保护膜。（图5-67）

（7）安装灯具设备

根据设计要求，在预留孔洞位置安装灯具及其他设备。较轻的灯具可固定在中龙骨或横撑龙骨上，较重的灯具设备应做加固处理。（图5-68、图5-69）

5-64　安装吊筋

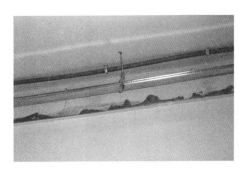

5-65　主龙骨安装

5-66　安装次龙骨

5-67　安装铝扣板

5-68 安装灯具

5-69 安装完毕

4.验收标准

（1）主控项目

①吊顶标高、尺寸、起拱和造型应符合设计要求。

②饰面材料的材质、品种、规格、图案和颜色应符合设计要求。

③暗龙骨吊顶工程的吊杆、龙骨和饰面材料的安装必须牢固。

④吊杆、龙骨的材质、规格、安装间距及连接方式应符合设计要求。

（2）一般项目

①饰面材料表面应洁净、色泽一致，不得有翘曲、裂缝及缺损。

②铝扣板上的灯具、烟感器、喷淋头等电器设备与铝扣板交接吻合、严密,位置合理效果美观。

③吊顶工程安装符合《建筑装饰装修工程质量验收规范》。（表5-7、表5-8）

表5-7 暗龙骨吊顶工程安装的允许偏差和检验方法

项次	项目	允许偏差（mm）				检验方法
		纸面石膏板	金属板	矿棉板	木板、塑料板、格栅	
1	表面平整度	3	2	3	2	用2m靠尺和塞尺检查
2	接缝直接度	3	1.5	3	3	拉5m线，不足5m拉通线，用钢直尺检查
3	接缝高低度	1	1	1.5	1	用钢直尺和塞尺检查

表5-8 明龙骨吊顶工程安装的允许偏差和检验方法

项次	项目	允许偏差（mm）				检验方法
		石膏板	金属板	矿棉板	塑料板、玻璃板	
1	表面平整度	3	2	3	2	用2m靠尺和塞尺检查
2	接缝直接度	3	2	3	3	拉5m线，不足5m拉通线，用钢直尺检查
3	接缝高低度	1	1	2	1	用钢直尺和塞尺检查

参考文献

[1] 杨嗣信. 建筑装饰装修施工技术手册. 北京：中国建筑工业出版社，2005.

[2] 王岑元. 建筑装饰装修工程水电安装. 北京：化学工业出版社，2006.

[3] 张倩. 室内装修材料与构造教程. 重庆：西南师范大学出版社，2007.